YAMAHA

SR400 [FI Model]
MAINTENANCE &
CUSTOM

ヤマハ **SR400**［FIモデル］ メンテナンス & カスタム

監修 細井啓介 ナインゲート

STUDIO TAC CREATIVE

YAMAHA SR 400 [FI Model]
MAINTENANCE & CUSTOM

Contents

SR400

FI MODELS

SR400のFIモデルは大きく分けて前期と後期、いわゆる4型となるEBL-RH03Jと5型にあたる2BL-RH16Jが存在する。ここではその2台を比較しつつ、変化を確認していこう。

SR400
FI MODELS

SR400 FINAL EDITION 2BL-RH16J

SR400
FI MODELS

40年を超える時間の集大成。
困難を乗り越えて輝く究極のSRへ。

　5型にあたる2018年モデル以降の2BL-RH16J。ここで紹介するのはその集大成といえるファイナルエディションのリミテッドモデル。前モデルであるEBL-RH03Jに対し、ECUの大型化、触媒の構造変更を含めた排気系の見直しを敢行。スペック的にはわずかにダウンしたものの、トルクに振ったエンジン特性を実現。ビッグシングルらしいパンチのある走りを身に付けている。FI初搭載からすでに10年以上。熟成を重ねることで、完成度はモデル末期で一段と高まったといえるだろう。さらに厳しくなる規制に合わせ別のバイクとなることを選ばず、SRは最後に強い光を放って40年以上の時間に自らピリオドを打ち、他車がたどり着けない場所へと旅立って行くのだ。

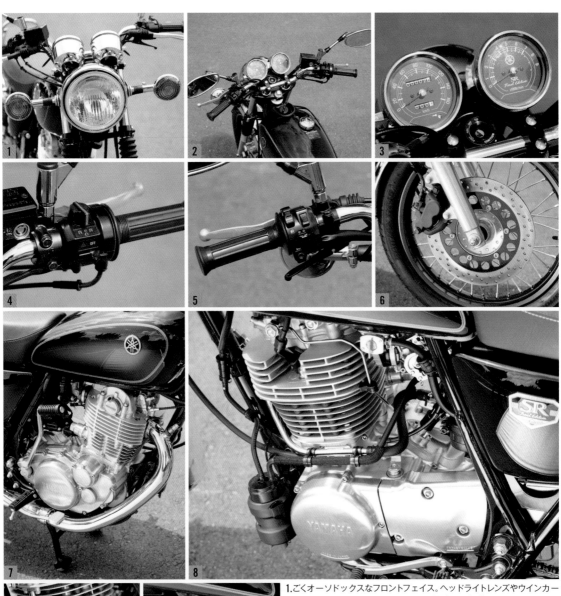

1.ごくオーソドックスなフロントフェイス。ヘッドライトレンズやウインカー形状は'18年モデルで変更されたものに準ずる。 **2.**ブラックフィニッシュのアッパーブラケットとハンドルクランプはファイナルエディションにおいてはリミテッドだけの仕様。 **3.**Final Editionの文字が刻まれるタコメーターとスピードメーターはリミテッドのみブラックパネル。ライトシェルはクロームフィニッシュ。ファイナルエディションの中ではダルパープリッシュブルーメタリックXのみボディカラーと同色仕上げ。 **4.**ハンドル右側のスイッチボックスにはキルスイッチとハザードランプスイッチを装備。 **5.**ハンドル左側にはSRならではのデコンプレバーが設けられる。スイッチボックスにはヘッドライトのハイ・ロー切り替えやパッシング、ウインカー、ホーンボタンがまとめられる。 **6.**フロントブレーキはシングルディスクに片押し2ポットキャリパーを組み合わせたベーシックかつパフォーマンスに見合ったシンプルな構成。限定カラーに合わせたカッパーブラウンのホイールリムはリミテッドだけの仕様だ。 **7.**エンジンのスペックは規制をクリアしつつ24PSの最高出力と28Nmの最大トルクを維持。手間を掛けた美しいフィニッシュのエキゾーストパイプやキックアーム等の存在感も以前のままだ。 **8.9.**様々な規制をクリアするためにデビュー当時とはかなり異なった印象を受けるエンジン左サイド。'01年モデルからのエアインダクション、そして'18年モデルから採用されたキャニスターの装備でエンジンの造形が少々マスキングされているところは残念。しかし見方を変えれば、こうしたホース類の取り回しが左サイドに集中しているため、エキゾーストパイプのある右サイドは以前とほぼ同様のルックスが維持されているところに、デザインに対するメーカーのこだわりが感じられる。 **10.**あくまでも排ガス規制への対応のためとはいえ、SRのエンジンの新たな一面を発見するという意味においてFI化の意義は高かったといえるだろう。

1.SRのリミテッドバージョンには欠かせないサンバースト塗装のフューエルタンク。ファイナルエディションにおいては近年のベーシックカラーといえるヤマハブラックベースにブラウングラデーションのサンバーストフィニッシュを採用。音叉マークの立体エンブレムは真鍮製というこだわりぶりだ。**2.**サイドカバーには電気化学反応で金属イオンを付着させる電気鋳造を用いた精度の高いエンブレムを装着。特に車体右側には1,000台限定のリミテッド用の通し番号がナンバリングされる。ちなみに通常のファイナルエディションでは、ダルパープリッシュブルーメタリックXでは同デザイン、ダークグレーメタリックNではベーシックなSRの文字がそれぞれプリントされる。**3.**シートもタンクのサンバースト塗装に合わせたツートーンデザインを採用。座面にブラウン、アウターにブラックを配しステッチの色もアクセントに。シートカウルのエンブレムも他の部分と同様のブラストーンで統一されている。**4.**シート下にはコンパクトなバッテリーと共に'18年モデル以降大型化されたECUユニットが収まる。**5.**触媒のハニカム構造を変更。締め上げた音量を少々解放させることで、エンジン特性を変更。トルク感、音質を含めワンランク上のフィーリング実現に貢献している。**6.**リアサスペンションユニットはスプリングをブラックフィニッシュに変更。ユニットそのものはイニシャルのみ5段階調整可能なシンプルな構造。ちなみにノーマルでは最弱が標準の設定となる。**7.**リアブレーキは従来通りベーシックなドラムブレーキを採用。ABS義務化のアキレス腱となり生産終了の原因のひとつとなってしまった。**8.**リアホイールのリムもカッパーブラウンフィニッシュ。スチールメッキのチェーンガードや丸パイプのスイングアームなど、タンデムステップ付近を除けばリアに関してはデビュー当時とほぼ同じ眺め。**9.10.**灯火類はデザインの変更が行われた'18年モデルからそのままキャリーオーバーされる。

SR400
FI MODELS

SR400 EBL-RH03J

SR400
FI MODELS

なかば末期といえたSRの寿命を、
さらに10年以上引き伸ばした救世主。

　もしかしたら生産終了か？　そんな2009年末、吸気にFIを採用し復活したのが4型にあたるEBL-RH03J。誕生から30年という、その時点で超長寿モデルとなっていたSRを救ったのは規制対応によるFI化だった。前モデルのBC-RH01Jに対しFIと共に触媒を含めた吸排気系を一新。さらには点火系をフルトランジスタに変更。キャブレター時代とは異なる制御系を身に付けることで、伸びのあるエンジン特性を実現している。また冷間時の安定性やスプリングの見直しによるクラッチ動作の軽減、新デザインのサイドスタンドの採用により、よりユーザーフレンドリーに進化。一歩間違えば消滅の危機を、FI化で回避した救世主的なSR、それがEBL-RH03Jといえる。

外観上の変更点

FIモデルの前期と後期における外観上の違いを紹介しよう。下の写真は左が前期のEBL-RH03J、右が後期の2BL-RH16Jに該当する。

メーター

写真右はリミテッドモデルのためパネルが黒だがファイナルエディションは白を採用。同じRH03Jでも年式次第では白パネルを採用している場合も。インジケーター類がLED化されているのが最大の違いといえるだろう。

R.スイッチボックス

RH16Jではスイッチボックスの各表示が英字表記ではなく図形で示すユニバーサルデザインへと変更。構造や使い方に変化はなく、あくまでも表記だけの違い。スイッチ自体のデザインも今やSR以外では見かけないスタイル。

キャニスター

FIモデル前期と後期の外観上最大の違いがキャニスターの有無。厳しくなる規制に適合させるために、タンク内の揮発ガソリンを大気開放せずに一度キャニスターに送り、さらにそこからエアクリーナーへ送る構造となっている。

ECU ユニット

O_2センサーからのフィードバック精度の向上、さらにはOBD、いわゆる車載式故障診断装置の義務付けによりRH16JではECUが大型化し、シート下に設置場所が変わっている。シートさえ外せるなら違いは一目瞭然だ。

ウインカー

長い間デザイン的に変更のなかったウインカーだが、RH16Jからはデザインを一新。RH03Jまでのごくベーシックなものから、ウインカーレンズ外周をシェルで覆うような形状へと変更。ひと目で違いが分かるポイント。

テールライト

テールレンズ自体の形状は同じながら、背面に金属製のバックプレートが設けられているのがRH16J。ちなみにさらに古いキャブレター時代のモデルは、テールレンズの左右に小さな丸いリフレクターが装備されている。

SPECIFICATION

	SR400 (2010年～2017年モデル)	SR400 (2018年～2021年モデル)
認定型式／原動機打刻型式	EBL-RH03J／H329E	2BL-RH16J／H342E
全長	2,085mm	2,085mm
全幅	750mm	750mm
全高	1,110mm	1,100mm
シート高	790mm	790mm
軸間距離	1,410mm	1,410mm
最低地上高	140mm	130mm
車両重量	174kg	175kg
燃料消費率　国土交通省届出値／定地燃費値	41.0km/L (60km/h)	40.7km/L (60km/h) 2名乗車時
WMTCモード値	-	29.7km/L (クラス2, サブクラス2-2) 1名乗車時
原動機種類	空冷・4ストローク・SOHC・2バルブ	空冷・4ストローク・SOHC・2バルブ
気筒数配列	単気筒	単気筒
総排気量	399cm^3	399cm^3
内径×行程	87.0mm×67.2mm	87.0mm×67.2mm
圧縮比	8.5:1	8.5:1
最高出力	19kW (26PS) ／6,500r/min	18kW (24PS) ／6,500r/min
最大トルク	29N·m (2.96kgf·m) ／5,500r/min	28N·m (2.86kgf·m) ／3,000r/min
始動方式	キック式	キック式
潤滑方式	ドライサンプ	ドライサンプ
エンジンオイル容量	2.40L	2.40L
燃料タンク容量	12L (無鉛レギュラーガソリン指定)	12L (無鉛レギュラーガソリン指定)
吸気・燃料装置／燃料供給方式	フューエルインジェクション	フューエルインジェクション
点火方式	TCI (トランジスタ式)	TCI (トランジスタ式)
バッテリー容量／型式	12V, 2.5Ah (10HR) ／GT4B-5	12V, 2.5Ah (10HR) ／GT4B-5
1次減速比／2次減速比	2.566／2.947	2.566／2.947
クラッチ形式	湿式, 多板	湿式, 多板
変速装置／変速方式	常時噛合式5速／リターン式	常時噛合式5速／リターン式
変速比	1速 2.357　2速 1.555　3速 1.190　4速 0.916　5速 0.777	1速 2.357　2速 1.555　3速 1.190　4速 0.916　5速 0.777
フレーム形式	セミダブルクレードル	セミダブルクレードル
キャスター／トレール	27°40'／111mm	27°40'／111mm
タイヤサイズ (前／後)	90/100-18M/C 54S (チューブタイプ) ／110/90-18M/C 61S (チューブタイプ)	90/100-18M/C 54S (チューブタイプ) ／110/90-18M/C 61S (チューブタイプ)
制動装置形式 (前／後)	油圧式シングルディスクブレーキ／機械式リーディングトレーリングドラムブレーキ	油圧式シングルディスクブレーキ／機械式リーディングトレーリングドラムブレーキ
懸架方式 (前／後)	テレスコピック／スイングアーム	テレスコピック／スイングアーム
ヘッドランプバルブ種類／ヘッドランプ	ハロゲンバルブ／12V, 60/55W×1	ハロゲンバルブ／12V, 60/55W×1
乗車定員	2名	2名

YAMAHA
SR 進化と発展の軌跡

基本設計を大きく変えず、度重なる幾多もの規制をクリアして多くのユーザーを魅了し続けてきたヤマハSR。FI化して早くも10年以上が経過し、ついには生産終了を迎えた偉大なる名機の歴史を振り返ってみよう。

写真＝ヤマハ発動機株式会社

SRの原点、エンデューロ「XT500」

　純然たるロードスポーツモデルとして1978年にデビューしたSR400/500。その原点として存在したモデルがビッグシングル・オフローダーのXT500である事を、近年のSRオーナー諸氏はご存知だろうか？　このXT500は、アメリカのダートトラックやエンデューロ、氷上レースで大活躍したTT500と同時開発されたヤマハ初の4ストロークシングルモデルで、レーサー然としたTT500に対し（2ストローク主流であった当時は）新時代のオフローダーとして、北米やヨーロッパで高い人気を博した。XT500は日本でも発売され、車格の大きさからか玄人の支持を集めるに留まったものの、当時から稀有なビッグシングル＆オイルタンクインフレームの基本構造はSRに受け継がれ、現在に至っている。

1976　XT500

北米市場からの要望に応えて開発されたオフローダー。その性質上、想定される過酷な用途から高性能、高耐久性、振動対策、そして軽量コンパクト化と多くが求められたが、全てをクリアした上、ヤマハならではの美観をも兼ね備えていた。

1978〜1984年 第1世代（2H6／2J2）

XT500のエンジンとフレームをベースに、ロードスポーツモデルとして最適化を図り登場。SR500はXT500に準ずるボア87mm×ストローク84mm、2バルブSOHCの499ccエンジンを搭載。一方、総排気量399cc迄のいわゆる中型限定免許（現在の普通自動二輪免許に該当）で運転できるよう、SR400はボア87mmを500と同じくしながらもストロークを67.2mmとショートストローク化した399ccエンジンを搭載していた。車体はXT500譲りのオイルタンクインフレームを中心に、サスペンションはフロント正立フォーク、リア2本ショック、スリムな燃料タンク、そしてコンベンショナルなスポークホイールのブレーキはフロントがシングルディスク、リアはドラムと、一貫してファイナルモデルに通じるものであった。

SR400 （1978）

「2H6」の認定型式を与えられて登場した初代SR400。国内で販売される大型バイク（750ccクラス）と中型バイク（400ccクラス）の需要が1976年を境に逆転した事を受け、当初からこのSR400の開発は決定付けられていた。

（1978） SR500

「2J2」の認定型式を与えられて登場した初代SR500。開発メンバーによれば、XT/TT500のエンジンを開発する段階からオンロードへ転用する計画が練られ、1976年の春に開発がスタート。国内、北米、ヨーロッパと、それぞれ求められるイメージが異なる中、かなりの数のイメージスケッチからスタイリングや乗り味の方向性が決められていったという。

SR400SP 1979

1979年の11月、マイナーチェンジを
受けて登場したSR400SP。スポー
クホイールの初代に対し、輸出モデ
ルの仕様地向けでは既に採用されて
いたキャストホイールを採用。リアホ
イールサイズが1.85×18から2.15×
18に変更される。また、シートカウル
とグラブバー、それぞれの装備が400
と500で共有化された。

1982 SR400

1982年9月に登場した、3,000台
限定のSR400スポーク仕様モデ
ル。キャストホイールの過剰品質に
よる重量増や重厚すぎるデザイン
からか、SPが伸び悩む中で登場し、
高い評価を得て人気の盛り返しに
勢いを付けたモデル。

1983 SR400

1983年3月のマイナーチェンジに
おいて、前年の限定モデルで好評を
得たスポークホイールが再び標準
装備となる。他、エンジン内部パー
ツの変更、オイルラインの見直し等
が図られ、当時流行したセミエア式
フォーク、シールチェーン、ハロゲン
ヘッドライト等が新規採用された。

1983 SR400SP

マイナーチェンジによるスポークホイール仕様モデルがラインナップする中、同年7月にキャストホイール仕様のSPモデルも併売開始。この年は400/500、スポーク/キャストを合わせ、国内だけで6,000台を超えるSRが販売された。

1984 SR400
SR 7th Anniversary

SRの発売開始から7年が経過した1984年、今日に続くSR限定モデルの代名詞ともいえるサンバースト塗装カラーの「発売7周年記念特別限定モデル」がSR400に限り1,000台限定で発売。タンクの音叉マーク採用も特筆事項のひとつ。

1985～2000年 第2世代（1JR／1JN）

　その基本的なスタイルを不変としながらも多くの変更がなされた、第2世代ともいえるSR。認定型式が「1JR（400）」と「1JN（500）」に変化したこの世代のSRは、初期の'85年モデルからして大きな変更が加えられている事がひと目で分かり、モデルイヤーを重ねる毎に幾多・大小の変更が加えられた。アフター・カスタムパーツマーケットの大きな後押しも受けつつ、一大ブームの中心を担う存在となった功績はあまりに大きいといえる世代だろう。この年代となると、各メーカーが競い合う各種レースが活況を呈し、その技術をフィードバックした本格スポーツモデルも数多く出回っていた。SRの存在意義は純然たるロードスポーツモデルから、趣きや味わいを楽しむ古典的な方向へシフトしたともとれる。

SR400　1985

　フロントホイールの18インチ化とドラムブレーキ化、フォークブーツ採用、低めのコンチハンドル採用とステップ位置後退等、車体だけでもその変貌は目覚ましい。もちろんエンジン内部にも幾多の手が加えられ、ウインカースイッチにプッシュキャンセル式採用といった、ユーザビリティの向上も図られた。

1988　SR400

　1988年モデルではカムプロフィールが変更され、強制開閉式キャブレターが負圧式BSTキャブレターに変わり始動性や加速性能が向上。チェーンサイズやエアクリーナー等も変更を受ける。上記1985年モデルからタンクの音叉マークが定着した事も、大きなトピックのひとつ。

1993 SR400

1993年モデルからMFバッテリー
が採用され、ヘッドライト常時点灯
システムに対応。CDIユニット・イグ
ニッションコイルの電装系を刷新
し、ハザードランプ、サイドスタンド
のイグニッションカットオフ等、安
全性と信頼性をさらに高めている。
外観上の変化では、サイドカバー
のデザイン変更が目を引く。

SR400 1996

更なるマイナーチェンジを
受けた1996年モデルは、ス
テップ位置が第一世代と同じ
10cm前に移動。1985年モデ
ルより14ℓに増えていた燃料
タンクの容量が12ℓに戻り、ブ
レーキワイヤーの素材を整
備性・耐久性の高いステンレス
に変更。規制緩和により1994
年モデルから、タンデムシート
ベルトも廃されている。

1998 SR500

SR400と同様の変更を受けつつ、
SR500の併売も継続される。しか
し、免許制度の壁か中間(以下)排気
量ならではの宿命か、500の販売
台数は400ほど伸びず、カラーバ
リエーションも400に比べて絞ら
れ、時折販売される限定車の台数
も当然絞られていた。

1998 SR400

SRにおける1998年のトピックは、記念すべき20周年を祝う特別限定仕様車「20周年記念モデル」の発売であった。1978年の最初期モデルをイメージしたこのカラーはSR400のみに設定され、SR500は前頁の"ディープレッドカクテル2"のみが販売された。

SR500 1999

SR400と共に20年以上販売されてきたSR500は、年々厳しさを増す排ガス規制の影響により、サイドカバーに専用エンブレムを採用したこの1999年モデルをもって生産終了となった。

2000 SR400

ミレニアムという節目にデビューから22年を迎えたSR。生産終了が決まった500もこの年は継続販売しつつ、400にはいぶし銀ともいえるニューカラー"グロリアスマキシブラウン"が設定された。

2001〜2008年 第3世代（BC-RH01J）

21世紀の到来と共にマイナーチェンジを受けたSR。2001年から1本立てでの販売となったSR400には、新たに「BC-RH01J」の認定型式が与えられ、キャブレター搭載車のファイナルモデルである2008年モデルまで販売が継続された。この第3世代初代モデルからの最大のトピックは何といっても、1984年モデル以来となるフロントディスクブレー

キの採用であった。またキャブレターをBSTからBSRへと変更し、排気ガスに含まれる未燃焼ガスを燃焼するヤマハ独自のエアインダクションシステムの採用、点火方式の見直し等で環境性能を向上し、厳しい排ガス規制をクリアした。2008年モデルで終焉を迎えるまで、節目節目の様々な限定モデルのリリースでファンを喜ばせたモデルでもあった。

SR400　2001

マイナーチェンジを受け、新たに登場したSR400。メカニズム面での変更は上記の通りだが、20年を超える歴代モデルの中で初めて、写真のソリッドカラーを採用した事もトピックのひとつである。

2002　SR400

前年から採用されたソリッドカラーの"シルバー3"にピンストライプが加わり、歴代SRにおいて初のマットブラック塗装エンジンが採用された。他のカラーバリエーションは前年度のキャリーオーバーであった。

2003 SR400

第3世代の登場から2年が経過した
2003年モデルは、TPS(スロット
ルポジションセンサー)を採用した
キャブレターとマフラー内部構造
の変更により騒音規制に対応。盗
難抑止イモビライザーが標準装備
されるようになった。

SR400 (2003)
SR 25th Anniversary

2003年の4月1日、500台限定販売の
「SR誕生25周年モデル」が発売され
た。"ミヤビマルーン" と称されたこの
モデルは、1984年モデルと1995年
モデルに続くヤマハ独自のサンバース
ト塗装モデルで、高級バフ仕上げのク
ランクケースカバー等、26ヵ所にも
及ぶ変更が加えられていた。

SR400 (2005)

2005年のカラーチェンジにおいて、
2002年モデルのマットブラック塗
装エンジンに匹敵する(SRにとって)
斬新な試みといえるシルバーフレー
ムと、メタリックレッドの外装を纏っ
だ"ダルレッドメタリックD" が登場。

SR400
YAMAHA 50th Anniversary

2005年の10月17日、500台限定販売の「ヤマハ創立50周年モデル」が発売された。このモデルはひと目見て分かる通り、1978年に登場した初期型SRのイメージを踏襲するもので、シート表皮のパターンも別誂え。Fフォークボトムケースやクランクケースカバーは上質なバフ仕上げで、ブレーキキャリパーも専用のブラックとされていた。

SR400

第3世代最終モデルとなる2008年モデル登場までの間はカラーチェンジを継続。この間の特筆すべき限定モデルとしては、2006年に登場した「YSP限定ブラックモデル」が挙げられる。そして2007年で一旦途絶えたシルバーフレームを2008年の"ブルーメタリックC"で復活。誕生から30年を数える節目を迎えた。

SR400
SR 30th Anniversary

2008年7月21日に発売された、500台限定販売の「SR誕生30周年記念モデル」。初めてダブルストライプを採用したサンバースト塗装の他、シートカウルレスのツートーンカラータックロールシート、各部のバフ仕上げ及び専用パーツの採用等、キャブレター車のファイナルに相応しいモデルであった。

2010～2017年 第4世代／FI第1世代（EBL-RH03J）

　1年間のブランク、或いはSRファンからしてみれば待ち遠しい"熟成期間"を経て登場した第4世代のSR400。目玉ともいえるFIを採用した事から、便宜的にFI第1世代ともいえるこのモデルには「EBL-RH03J」の認定型式が与えられた。この2010年モデル発表以前は「ついにSRも…」と、ファンや業界関係者は何ともヤキモキした思いをしたものだが、

その憂いを良い意味で裏切り、"環境性能に配慮"というさらりとした言葉と共にヤマハはFI化を実現した。30年の歴史を持つSRの"らしさ（伝統）"を失わせてはならぬと、開発陣が凝らした細部へのテコ入れは並々ならぬものだが、そのルックスや性能、そして最も重要な乗り味を変える事なく、環境性能や始動性を向上した功績は余りにも大きい。

SR400 2010

　2009年12月21日に発売された新生SR400。機種コードは「3HTR」。点火方式はそれまでのCDI点火からフルトランジスタ式に改められ、燃料供給方式にF.I.を採用。エキゾーストシステムもより環境性能の高いものに刷新された。また、メーターパネルはホワイトとされ、燃料の残量警告ランプが付加された。SRならではの上質な外観はもちろん、そのままに受け継いでいる。

SR400 　2012

2012年1月30日、カラーチェンジを受けて発売されたSR400。機種コードは「3HTU」。SR伝統の"ヤマハブラック"には新しいグラフィックが採用され、シートには初採用となるホワイトストライプが織り込まれた。また新色の"ニューパールホワイト"にはツートーンカラーのシートが採用された。

2013 SR400
SR 35th Anniversary

2013年2月14日、SR400のFI化後初となる限定モデル、「SR誕生35周年モデル（3HTV）」が発売された。受注期間限定で販売されたこのモデルは、2008年モデル以来のシルバーフレームを採用。専用車体色を身に纏い、落ち着いた色合いのツートーンシートと記念ロゴが配されたブラックのメーターパネルを装備していた。

2014 SR400

2014年1月20日、カラーチェンジを受けた機種コード「3HTW」が発売された。ベースカラーはそのままにグラフィックの変更を受けた"ヤマハブラック"と"ニューパールホワイト"の他、"ダークグレーイッシュレッドメタリック3（マルーン）"が新たに設定され、メーターパネルは新デザインのブラックとなった。

SR400
YAMAHA 60th Anniversary

2015

2015年12月18日、受注期間限定で「ヤマハ創立60周年モデル（3HTY）」が発売された。特色は何といっても、スピードブロック（往年のファンにとってはストロボカラー）が配されたUSインターカラーの採用であった。また、このタンクの天面には専用エンブレムが配され、前後のハブとリムはブラックで統一された。

SR400

2016

2016年2月10日、カラーチェンジを受けた機種コード「3HTX」が発売。"1978"の文字と400のロゴが配されたタンク採用のダークグレーイッシュリーフグリーンメタリック1"が加わり、"ヤマハブラック"は継続販売。翌2017年も同カラーの機種コード「B0H1」が販売され、そこで一旦、SR400の生産終了がアナウンスされた。

2018〜2021年 第5世代／FI第2世代（2BL-RH16J）

　2017年におけるSR400生産終了のアナウンスは明らかに、平成28年（2016年）10月以降の新型車及び、平成29年（2017年）9月以降生産の二輪車に適用される「平成28年度排出ガス規制」を受けたものであった。この規制は欧州の規制「ユーロ4」との整合性を図ったもので、排出ガス中のNOx・HC・COをこれまでの規制値から半分以下に削減、

車載式故障診断装置（OBDシステム）の搭載義務化、そして燃料蒸発ガスに対する規制という内容であった。そして、これらの規制をクリアして2018年に登場したのが第5世代、FI採用から第2世代目となる認定型式「2BL-RH16J」のSR400であった。奇しくもSRが40周年を迎えるこの年の復帰には、同時期に同じ規制をクリアした "SEROW" と共

SR400 （2018）

2018年11月22日に発売されたFI第2世代。機種コードは「B9F1」。タンク内の燃料蒸発ガスを抑えるためにキャニスターが採用され、ECUもより高度なものを採用。マフラーの内部構造も変更された。伝統の"ヤマハブラック"と新色のグレイッシュブルーメタリック4"共にタンクはソリッドカラーとし、ヘッドライトボディも車体と同色。サイドカバーの意匠は別々のものが与えられた。

に伝統モデルの継続を図った、開発陣や技術者の情熱や意地を感じずにはいられない。しかし、2020年から欧州で「ユーロ5」規制がスタートし、この世界基準に準拠すべく日本でも「令和2年度排出ガス規制」の適用が開始。2021年10月からはABS搭載義務化が継続生産車にも適用される事もあり、ついにSR400は2021年モデルをもって43年の歴史に終止符を打つ運びとなった。リアドラムブレーキのSRにとって、ABS搭載義務のクリアは困難であった。もちろん技術的にクリアする事は可能だが、ABS化に伴うパーツ増・重量増・構造/スタイル変更及びフィーリングの変更を考えれば、生産中止という選択は必然だったのかもしれない。現代においては度重なる規制をクリアした高性能バイクも多々生み出されているが、乗る者の感性に訴えかけるSRのような高品質のバイクにはそうそう出会う事はない。幸運にもこのSRとの出会いに恵まれたオーナーには、末永く安全に、そして純粋にライディングを楽しんで頂きたい。

2018 SR400
SR 40th Anniversary

前頁のスタンダードモデル2機種と同時発売された「SR誕生40周年モデル(B9F3)」。限定数は500台で、タンクには久方ぶりとなるサンバースト塗装が施された。他にもクロームメッキ仕上げのヘッドライトボディやゴールドアルマイト仕上げの前後リム、サイドカバーの電鋳エンブレム、本革調シートサイド表皮等、40周年を祝うに相応しい装備が与えられていた。

SR400
Final Edition

2021

2021年3月、ついに「SR400ファイナルエディション（B9F5）」が発売。下記"リミテッド"の存在からスタンダードモデルに位置付けられる"ダルパーブリッシュブルーメタリックX"と"ダークグレーメタリックN"の両車には、サイドカバーとタンクにFinal Edition"の文字が控えめに刻まれている。

2021

SR400
Final Edition Limited

2021年の1月に発売を発表するやまたたく間に完売した、1,000台限定販売の「ファイナルエディションリミテッド（B9F6）」。"ヤマハブラック"をベースとするサンバースト塗装、シリアルナンバー入りの電鋳エンブレム、アルマイトカラーの前後リム等が採用され、YSPとアドバンスディーラー（特定のヤマハ正規取扱店）のみで販売された。

SR400 FIモデル
乗車前と日常の点検

SRを購入すると付属してくるのが取扱説明書、いわゆるオーナーズマニュアルだ。ここではその取扱説明書をベースに、基礎中の基礎といえる点検について解説していく。ベーシックな項目ばかりだが、日頃から意識する事なく気を配れるよう、ここで再確認しておこう。

新車でSRを購入すると必ず付属してくる取扱説明書だが、中古車として購入する場合はたいてい前オーナーが紛失したり手放す際に忘れたりしており、持っていないオーナーも少なくないだろう。ベーシックかつ確実なデータが記述されているだけに、SRに乗るなら必ず手元に置いておきたい。価格も手頃で販売店に頼めば購入も簡単だ。

WARNING 警告

● この本は、習熟者の知識や作業、技術をもとに、編集時に読者に役立つと判断した内容を記事として再構成し掲載しています。そのため、あらゆる人が作業を成功させる事を保証するものではありません。よって、出版する当社、株式会社スタジオ タック クリエイティブ、および取材先各社では作業の結果や安全性を一切保証できません。また作業により、物的損害や傷害の可能性があります。その作業上において発生した物的損害や傷害について、当社では一切の責任を負いかねます。すべての作業におけるリスクは、作業を行なうご本人に負っていただく事になりますので、充分にご注意ください。

● 使用する物に改変を加えたり、使用説明書等と異なる使い方をした場合には不具合が生じ、事故等の原因になる事も考えられます。メーカーが推奨していない使用方法を行なった場合、保証やPL法の対象外になります。

日々の点検が愛車のコンディションを維持する秘訣

　点検に関する各項目は取扱説明書の日常点検をベースにそれぞれピックアップ。何を今さらという箇所も多いだろうが、ビギナー、さらには自称ベテランライダーでも各項目に関するデータに関して、数値として明確に認識出来ている人は意外と少ないのではないだろうか。ごく初歩的な事でも、その数値にメーカーの裏付けがあるという事は、これからSR乗りとしての知見を増やし、末永く付き合っていこうと考えている人にとって、必ず役に立つはず。各項目の点検手順を自然と身に付けて実践すれば、SR乗りとしてのレベルもきっとワンランクアップするはずだ。

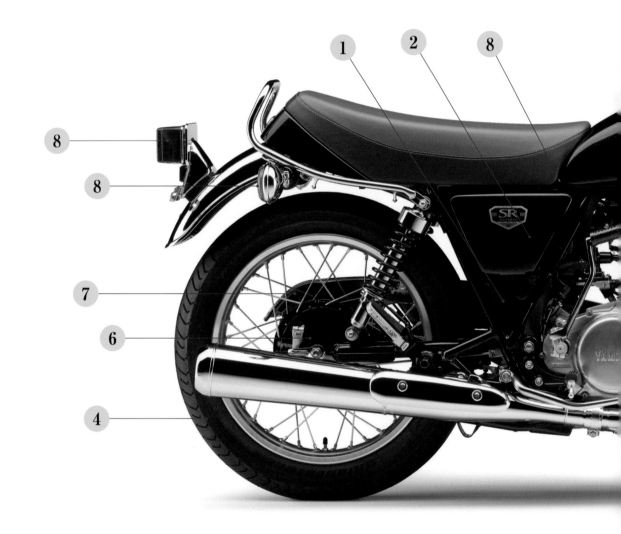

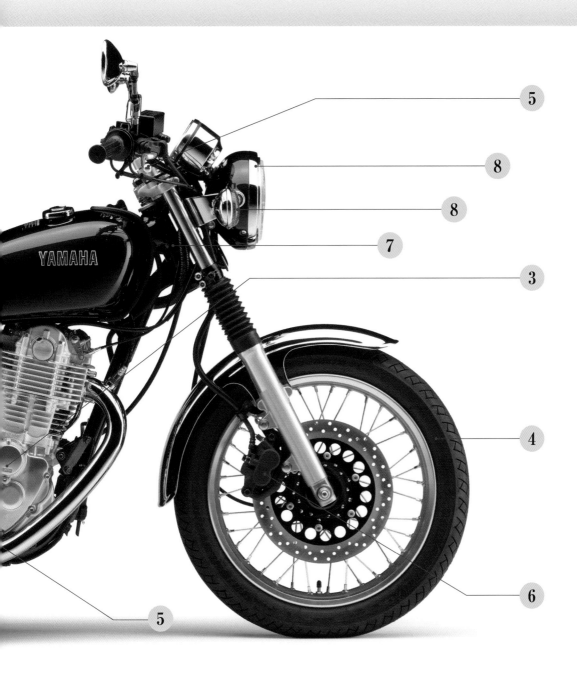

5

8

8

7

3

4

6

5

1 サービスツール

SRの点検、整備に必要なのがサービスツール、いわゆる車載工具だ。あくまでも必要最低限の工具だが、出先でのトラブルに対応できるようまず最初にツールの概要を把握しておこう。

01 SRのサービスツール＝車載工具は右サイドカバー下、フレーム形状に合わせたトライアングル状のケース内に装備。

02 ケースはロック機構を装備している。ロックはマイナスドライバー等で無理にこじらず、必ずキーを用いて開閉するように。

03 キーを回してケースカバーを開けたところ。カバー内側にグリスニップルがセットされているので紛失しないように。

04 サービスツールはビニールのケースに収められている。タイトかつ薄い素材だけに破れやすいので破損には注意しよう。

サービスツールはプライヤー、スポークニップルレンチ、10×12、12×14のオープンスパナ、22×24のメガネレンチ、差し替え式の±ドライバー、プラグレンチ、5mmヘックスレンチという9ピースによる構成。

05

SR400 FIモデル乗車前と日常の点検

② エアクリーナーエレメント

点検の目安	■ 半年毎に目視で点検 ■ 20,000km 走行で交換

少しずつ汚れが蓄積していくため劣化を把握しにくいのがエアクリーナーエレメント。パフォーマンスに直結する箇所だけに、定期的に目視でチェックする事で、ダメージを実感しよう。

01 エアクリーナーボックスはツールボックス上部、右サイドカバー内奥にある。まずはサイドカバーを取り外そう。

02 サイドカバーは向かって右下にあるボルト1本で固定。使用するレンチは10mm。ワッシャーを失くさないように注意。

03 ボルトを外したカバー側にはゴムブッシュとその内側にカラーがセットされている。こちらも紛失しないように。

04 ボルトを抜いたらサイドカバーを車体から取り外す。カバーはフックから外そう下から持ち上げるのがポイントだ。

05 サイドカバーは上部の穴に車体側のフックを掛けるようセットされる。無理に外すと破損の原因になるので気を付けよう。

06 フックにはゴムのスペーサーが装備されている。これが無いとカバーをしっかりと固定できないので失くさない事。

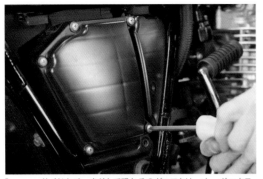

07 サイドカバーを外して現れるのがエアクリーナーボックス。蓋は5本のスクリューで固定。ドライバーは2番を使用。

08 スクリューは5本とも同じ長さ。ドライバーは回すより押す力を強くするよう意識する事。続いてボックスの蓋を取り外す。

エアクリーナーボックスの蓋を取り外したらボックス内からエアクリーナーエレメントを取り出す。エレメントはFI化以降、キャブレター時代のスポンジタイプからビスカスタイプに変更されている。

09

10 エレメントの汚れや破損がないかを目視で点検する。6ヶ月毎の点検と20,000Kmでの交換というのがメーカーの指定。

11 エレメントを元の位置にセットし蓋をスクリューで固定。スクリューは対角線上に締め蓋を均等に固定するように。

POINT

クリーニングではなく交換が基本

　純正のビスカスタイプのエレメントは破損や汚れの度合に応じて交換が前提。強力なエアの吹付けや洗浄液などによる清掃はかえってエレメントを傷める事もあるので注意したい。交換サイクルは20,000Km指定だが、都市部などでは7,000〜8,000Km毎の交換も視野に入れておこう。

SR400 FIモデル乗車前と日常の点検

3 エンジンオイル

点検の目安	■ 乗車前 ■ 3,000km 走行毎か 半年毎に交換

SRの特徴のひとつがドライサンプ方式を採用した潤滑系。ただしチェックの仕方を間違えるとオイル量を見誤りかねないだけに、ここで基本に忠実な点検の仕方を確認しておこう。

01 エンジンオイルのレベルゲージはタンク前部の注油口キャップに装備。まずはキャップをフレームから緩め取り外す。

レベルゲージから一度オイルを拭き取る。合わせてオイルの汚れ具合もチェックしておくように。金属片や粒子が多いようなら、一度購入したショップに相談をしてみるとよいだろう。

02

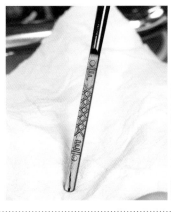

上のFがアッパー、下のEがロアレベル。レベルチェックはエンジンが温まっている状態で行う。エンジン停止後2～3分したらセンタースタンドを掛けた状態で行うのが基本。

03

レベルゲージはねじ込まない状態でオイルタンク内の一番奥まで差し、そこからゲージを引き抜きオイル量を計測。アッパーとロアレベル内に油面が収まっていれば正常な状態だ。

04

キャップを締めて作業は終了。ちなみに冷間時にレベルチェックをすると、オイルがエンジン内に落ちてロアレベルを切ってしまう場合があるので、あわてて継ぎ足さないように。

05

4 タイヤ

点検の目安	■ 乗車前 ■ 溝残量0.8mm以下で交換

路面と接する唯一の部分だけに、コンディションの維持がとても重要なのがタイヤだ。一見して状態を把握可能なポイントだけに、乗車前には必ず点検する習慣を身につけてもらいたい。

01 サイドウォールの三角マーカーの先の溝に設けられた、スリップサインを乗車前にチェックする。

02 タイヤ溝の限界値はメーカー指定で前後共に0.8mm。写真で指示しているところが、溝が減ると現れるスリップサイン。

03 溝の深さだけでなく異物が刺さっていたりしないかもチェック。ひび割れ等があれば溝の深さに関係なく交換が望ましい。

04 タイヤの空気圧は1名乗車でフロント1.75kpa、リア2.00kpa。チェーンケースに表記されているので必ず確認しておこう。

日常的に乗らない人ほど乗車前に空気圧を測る習慣を身につけたい。空気圧低下はハンドリングの悪化にも直結。走りが今ひとつと感じたら、まず最初にチェックしておきたいポイントだ。もちろんパンクや燃費の悪化など空気圧低下のデメリットは計り知れない。

05

SR400 FIモデル乗車前と日常の点検

⑤ レバー・ペダル

点検の目安	■乗車前

レバーやペダルといった操作系は、体が慣れてしまい問題に気付きにくいのが難点。ちょっとした角度や遊びの量の違いが、走りやすさを左右するので定期的な点検、調整は忘れない事。

01 SRのクラッチはベーシックなケーブルを用いたタイプ。レバーの先端での遊び量が5.0〜10.0mmが規定値となる。

02 アジャスターはレバー接続部にある蛇腹状のカバー内。サークル状のロックナットとスクリュー式アジャスターの組合せ。

03 ロックナットを緩め、遊び量をアジャスターで調整する。遊び量は締める方向で増え、緩める方向で減るのが基本的な動き。

04 適切な遊び量に調整したら、ロックナットでアジャスターを固定する。手で締めるレベルだとロックナットは意外に緩みやすいので、"これで大丈夫"という位置が決まったらプライヤー等でしっかりと締めておくとよいだろう。

05 調整後のアジャスターとロックナットの溝の位置は必ずずらしておく事。状況次第ではケーブルが外れかねないからだ。シフトが入りにくいと感じたら、遊び量が多すぎてクラッチが切れにくい状態に。逆に少なすぎると、常に半クラッチといった事になりかねないので、調整は念入りに行うよう心掛けたい。

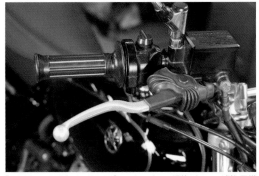

06 ここからはフロントブレーキレバーの調整。クラッチ側と同様、まず最初にレバーピボット部のゴムブーツを取り外す。

07 ブーツを取り外したピボット部。直接水にさらされない反面、侵入した水分が逃げにくいので定期的なチェックが必要だ。

08 ブレーキレバーの遊びは先端部分で5.0〜8.0mmが既定値。この範囲の中で好みの位置にレバー位置を調整していく。

09 レバーの調整はピボット横のアジャスターで行う。ロックナットを10mmのレンチで緩めプラスドライバーでアジャスト。

使用するプラスドライバーは2番。規定値を大きく外すと握った際、レバーがグリップ側に当たったり、反対にいざという時レバーに指が届かない等、適切なブレーキングができなくなるので、調整後は必ずレバーを握ってしっかりブレーキが利く事を確認するように。レバー位置が決まったらロックナットを締めて作業は完了。ピボットを含めたグリスアップ等は後項のメンテナンス編で詳しく説明していく。

10

11 続いてリアブレーキペダルの調整に移ろう。ペダルはステップに対して水平の位置が基本。ここを基準に遊び量を計測する。

12 ブレーキペダル上面(踏む面)を手で押し、抵抗を感じる場所が元の位置から20.0〜30.0mmに収まっているかを確認。

13 今回モデルとなった車両は計測時に遊び量が40.0mmと規定値から外れていたのでアジャスターによる調整を行う。

14 ブレーキペダルのピボット部を内側から見たところ。ペダルを踏むとピボットが回りロッドが引かれる構造が分かるだろう。

15 そのロッドの先端がリアブレーキ部のカムに接続され、長さを調節する事でブレーキペダルの上面が上下する構造。

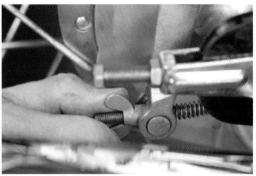

16 アジャスターは蝶ネジ式。ロッドが差し込まれている部分は円柱状で、アジャスターは必ずそこに嵌る位置で調整していく。

17 アジャスターを後方から見て時計回りに締めると遊びが減り、逆に反時計回りに緩めると遊びが増える仕組みだ。

18 ペダル上部にあるのがリアブレーキランプスイッチ。ペダルのアジャストに合わせてスイッチの利き具合も必ず確認が必要。

19 スイッチを持ち上げつつナットを回し、ペダルが適切な位置でランプが点くように調整していく。

6 ブレーキ

点検の目安	■ 乗車前

ブレーキ関連は取扱説明書に取り上げられてはいるものの、作業自体は上級レベル。自信が無ければ目視による点検程度に留め、作業そのものはプロに依頼する方が確実だろう。

フロントブレーキは目視による点検が基本。SRの場合、フロントブレーキパッドは早い人なら5,000km、そうでなくても7,000kmあたりで交換時期を迎える事が多いようだ。

01

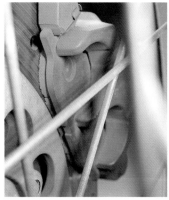

パッドは削れていくライニング部の溝が無くなると限界値。チェック自体は装着状態でも一応は可能だが、構造上外側のパッドはキャリバー端部の僅かな隙間からしか確認できない。

02

キャリバー本体を取り外したところ。パッドの状態が一目瞭然だが、作業ミスは文字通り命取り。腕に自信の無いビギナーなら無理せずショップに依頼する方が確実だろう。

03

04 パッドは限界まで使うとディスクローターを傷めるので交換は早めに。戻す際は元々装着されていた位置に戻すように。

リアブレーキシュー残量はドラム部のウェアインジケーターで点検。ブレーキペダルをいっぱいに踏んだ状態でマーカー、つまりブレーキパネルに設けられた凸状の部分にウェアインジケーターの矢印が収まっていればOK。規定値外ならシューの点検、交換となる。

05

ブレーキフルードの量はレバー部にあるリザーバータンクの点検窓からチェック。フルードの液面がLOWERラインの上にあればフルードの量は問題ないといえる。フルードを注入する際はハンドルが切れてフルードがこぼれないよう、センタースタンドを用いた直立状態で行おう。またフルードは吸湿性が高いので、雨の日等には作業は控える方が賢明だ。

06

07 もし液面が下限を切っているようならフルードを追加。とはいえ液面の低下は、パッドの減少以外はトラブルの可能性も。

08 フルードの漏れ等の確認後、リザーバータンクキャップを取り外す。スクリューの頭を傷めやすいので作業は確実に。

09 指定フルードはヤマハ純正BF4。フルードは塗装を傷めるので、こぼした場合は水で濡らしたウエスで手早く拭き取る。

フルード面の低下は通常、ブレーキパッドの厚みが減る事で起きる。逆に言えば走行距離が増えていないにも関わらず液面が下がるという事は、どこかでフルードが漏れている可能性があるという事。まずは目視で漏れが無いか確認し、必ずプロのメカニックに相談するように。日常点検に含まれてはいるもののフルードの追加はあくまでも非常時のみ、と考える方がビギナーとしては間違いないはずだ。

10

⑦ ドライブチェーン・ステム

点検 の 目安	■乗車前

トラブルが走行不能に直結するドライブチェーン。万一ギアが入った場合には深刻な怪我につながるので、張り具合（弛み）の点検や調整はエンジンを停止した状態で行うのが鉄則。

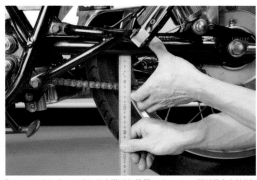

01 センタースタンドを掛けた状態でチェーンの張り具合を計測。前後スプロケット間の中央部で30.0～40.0mmが適正。

02 調整はアクスルシャフトから。ナット用のレンチは22mm。反対側は穴が設けられているのでドライバー等を回り止めに。

03 アクスルシャフトのナットはあくまでも緩めるレベルで。加えてトルクロッドのナットも緩めておこう。レンチは12mmだ。

04 アジャスターのロックナットを緩めボルトを締めてチェーンの張りを規定値に調整。調整後は各ナット類の締め忘れに注意。

ステムブラケットの固定用ナットに緩みが無いかをチェック。車載のレンチではまず必要な締め付けトルクは出せないので、あくまでも緩みが無い事を確認するのが肝心。ステムナットの締め付けトルク次第でハンドリングも変わってしまうので、万一緩みがあるようなら必ずショップ等に相談しよう。

05

SR400 FIモデル乗車前と日常の点検

8 エレクトリカル

点検の目安	■ 乗車前

電装系はFIを除けばごくベーシックな構成だけに、大きなトラブルは少なめ。とはいえ灯火類のトラブルは道路上の他者とのトラブルになりかねないだけに、早めの対処を心掛けよう。

01 SRの場合、電装系へのアクセスはシートの取り外しからスタート。シートレール下部にあるボルトを左右1本ずつ外す。

02 固定用ボルトの取り外しには12mmのレンチを使用。ボルトが外れたらまずはシートそのものを車体後方にずらしていく。

03 先端側にある固定用の突起が車体側から外れたらシートが取り外せる。グラブレールでシートカウルを傷付けないように。

04 FIのSRはバッテリーのコンディション次第で即走行不能になるだけに、常にバッテリーの存在を意識しておく事が肝心。

05 定期的な走行が状態維持に一番だが、日常的に乗れないなら割り切って車検毎の交換が安心。

06 メインヒューズはバッテリーの接続部にセット。取り外す際はカプラーに設けられたストッパーを押しつつ引き抜くように。

07 カプラーが外れるとメインヒューズが現れる。メインヒューズの容量は30A。ベーシックなブレード型ヒューズが使われる。

08 系統別ヒューズはミニ平型タイプ。バッテリー横に15A2枚、10A1枚、7.5A2枚で各スペアも装備。

09 交換時は容量を間違えない事。ヒューズ切れはトラブルの予兆。その原因を探る事を忘れずに。

10 最後は灯火類の点検。バルブ切れは少なくなったものの振動の少なくないSRだけに定期的なチェックは欠かさない事。

11 テール回りはブレーキランプの点滅をしっかりとチェック。前後のブレーキで点滅具合をそれぞれ確認しておくように。

YAMAHA

SR400 FIモデル
MAINTENANCE MANUAL

いかにして愛車のコンディションを維持するか？ 全てをプロの手に委ねて時間と信頼性を優先するのもよいが、趣味としてSRを楽しむならやはり自分の手を汚し、構造を理解し、弱点を補うというのも正しいスタイル。ここからはそんな趣向のあるライダーのために、FI特有のノウハウを含めたSRのベーシックなメンテナンスを解説していこう。

エンジンオイルの交換

エンジンがもたらすビートこそSR最大の魅力。熱的に厳しいFI・SRだからこそ、適切なオイル交換によってビッグシングルを満喫できるのだ。

メカは苦手、という人にも、ぜひ覚えてもらいたいのがエンジンオイルの交換方法。最近の自動車では数万キロ交換不要というパターンも少なくないが、比較的高回転を多用するバイク、ましてや排気ガス浄化を考慮した空冷単気筒は熱的に厳しく、オイルの負担はかなりのもの。ぜひオイル交換の手順を覚え、エンジンをいたわり、その効果を実感してもらいたい。

主な使用工具
● 8mmレンチ
● 10mmレンチ
● 17mmレンチ
● オイル受け（容器）
● 5mm ヘキサゴンレンチ
● トルクレンチ

01 オイルを抜くにあたり注入口のフィラーキャップを緩めておく。これはオイルが抜ける際にタンク内が負圧になって抜けにくくなるのを防止するため。あくまでも空気が通る程度に緩めればよい。

ドレンボルトはフレームのダウンチューブ前側に設けられている。オイルを抜きやすくするためエンジンを暖め柔らかくしておくとよいが、直後のオイルは大変熱くなっているので火傷しないよう注意。

02

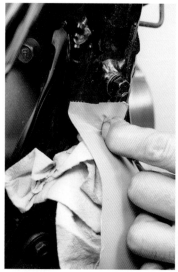

オイルドレンの位置的にただボルトを緩めてオイルを排出させると、車体やエンジン、辺りの床がオイルまみれに。そのためボルトを緩める前に必ず、ウエスや布ガムテープ等を用いて周辺をカバーする。

03

フレームの形状に合わせ、マッドガードの裏にオイルが入り込まないようにテープでカバーする。ガード裏にオイルが入るとオイルがリアタイヤ前に垂れたり汚れを呼び込むので、念入りにカバーしておくように。

04

05 ドレンボルトの周辺もテープでカバーしていく。オイルの付着はしっかりとケミカル類を使わないと落としきれないので、無駄を防ぐためにも入念に。

06 オイルタンクドレンのカバーが完成。排出される量が減りオイルが垂れてきた際の通り道を作るイメージで車体をカバーしていけば、間違いないはず。

07 ここまで準備できたら、いよいよドレンボルトを緩めてオイルを抜き出す。レンチのサイズは10mm。オイルを受ける容器の準備も忘れないように。

08 作業する際、車体はセンタースタンドを掛け、ハンドルを切って行うように。またドレンボルトは手で緩めつつ最後は横にスライドさせる要領で外せば、オイル受けの中に落とさず作業できる。

09 ドレンからオイルが排出される。最初は勢いよく出てくるので、オイル受けを少し斜めに傾けると確実。オイルがフロントタイヤにかからないように注意しよう。先にハンドルを切っておくのはこのためだ。

10 オイルを抜く際、エキゾーストパイプにオイルを付着させないよう注意。万一オイルが付いてしまったら即、拭き取っておく事。そのまま熱が入ると、エキパイ表面がダメージを受ける恐れがあるのだ。

11 オイル量が減ると排出時の勢いがなくなるため、粘度のあるオイルは写真のようにテープを伝ってオイル受けに落ちていく。この際に車体がオイルまみれにならないよう、徹底してカバーしたというわけだ。

12 ドライサンプとはいえエンジン本体にもオイルは残っているので、以降はエンジン側のオイルを抜く作業に移ろう。まずエレメントカバーのブリーダーボルトを緩める。

13 ブリーダーボルトを緩めるレンチは8mm。さらにケース側のエア抜きの効果を上げるため、エレメントカバー下部のボルトを緩める。レンチは5mmのヘキサゴン。

14 エレメントカバーのボルトはあくまでも緩める程度で。写真はエンジン最下部のストレーナーカバーにあるドレンボルト。ここから可能な限りのオイルを排出させる。

15 ドレンボルト奥、車体前方に見えるフィンのついたパーツ、レギュレータ/レクチファイアをプロテクトするため、やはりここでもドレンボルト付近をウエスでカバー。

16 ドレンボルトを緩める。使用するレンチのサイズは17mmだ。車体の一番下で作業しにくい位置だけに、レンチを掛ける際は勘に頼らずしっかり目視するように。

初心者にありがちなのだが、目視せずボルトを回すと締めるか緩めるか勘違いする事も。間違って締めてしまうとカバー側を破損するので注意したい。作業の際はエンジンの熱で火傷しないように注意。

17

18 オイルは可能な限り抜いておきたい。ドレンボルトの位置的にセンタースタンドを利用して車体後方を下げるようにすると、より一層オイルを抜く事ができるはずだ。

続いてオイルエレメントの交換に作業を移そう。ここでも車体側にオイルが付着しないようカバー周辺をテープで覆う。ケース周辺の表面処理は弱く傷みやすいので、粘着力の弱い養生テープの使用を推奨。

19

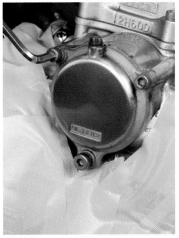

20 テープの粘着分に加え、パーツクリーナー等で後から油分を落とそうとしてもケース表面を傷めるので注意。続いて上部固定ボルト2本を緩める。

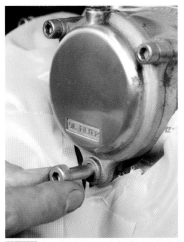

21 上のボルトは、この時点で緩めるだけに留めておく。エアの通り道を確保したら、先に緩めておいた下部のボルトを取り外し溜まったオイルを排出する。

22 オイルがドレンから排出される。上部の固定ボルトを緩めすぎると、カバーとケースの隙間からオイルが漏れ出してしまうので緩め加減には注意が必要。

23 テープと紙を組み合わせてオイルの通り道を作るのが車体を汚さないコツ。加えてエキゾーストパイプとクランクケースの間にもウエスを詰めておこう。

24 オイルが抜け出たところで固定ボルトを取り外し、エレメントをカバーと共にケースから取り出す。エレメントには向きがあるので、ここで確認しておこう。

25 オイルエレメントを取り出したケース側の状態。下側の固定ボルトの穴はオイルラインを兼ねているので、カバーとの間にOリングが設けられている。

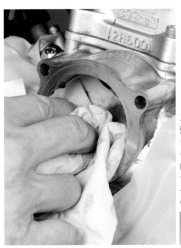

エレメントケース内部に残ったオイルをウエスで拭き取っておく。トラブルのもとになるのでウエスは繊維が残らないものを使用する事。ケースとカバーの合わせ面のエッジで手を怪我しないように。

26

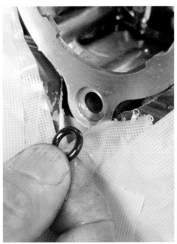

カバー合わせ面の下部にセットされたOリングを取り外す。取り付け時は新品に交換するのだが、カバー側に張り付いている場合もあるので、二重にセットしないよう必ず外した事を確認するように。

27

28 組み込みの際、エレメントカバーのOリングは新品をセット。Oリングにはオイルを塗布する。加えてケース側との接合面をしっかりクリーニングしておくように。

29 エレメントのゴム製シールにもエンジンオイルを塗布。これらは装着時の位置決めの際、表面が油分でスムーズに動く事によりシール類を傷めないために必要。

30 カバー側同様合わせ面をしっかりとクリーニングしてから、オイルエレメントをクランクケースにセットする。先にオイルを塗布した穴の空いた突起がある側が奥側だ。

31 エレメント下側にセットするOリングももちろん新品に。横着して交換を怠ると、こうしたごく小さな部品の不良によるオイルもれ等でもう一度作業を繰り返すはめに。

32 エレメント外側のオイルシールにもエンジンオイルを塗布する。もちろん下部のOリングにも忘れずに塗っておくように。最後に各部をチェックしカバーを装着する。

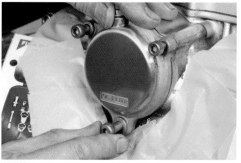

33 ボルトは下側1本のみ長い仕様。上部のブリーダーボルトは緩めた状態で構わない。ボルトの締め付けは必ず3本均等に行う。締め付けトルクは10Nmが規定値。

34 テープやウエスを外し、各ガスケットを新品にしたドレンボルトそれぞれをフレーム側16Nm、エンジン側を30Nmのトルクで固定。オイルの注入はゆっくりと。

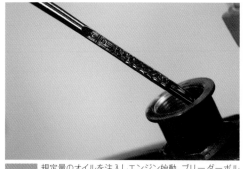

35 規定量のオイルを注入しエンジン始動。ブリーダーボルトからオイルがにじみ出ればエア抜きも完了だ。最後にタンク内のオイル循環とオイルレベルを確認し作業終了。

スパークプラグの交換

エンジンに1本だけのスパークプラグ。それだけにトラブルは走行不能に直結。問題が発生する前に、常にコンディションを把握しておこう。

主な使用工具
● プラグレンチ Bプラグ用20.8mm

コンディションが悪くてもなんとか仕事をこなしてしまう、スパークプラグ。その高性能ぶりが災いして、昨今では交換する意識が低くなっているのが現実だ。SRの場合はFI化されたとはいえ、プラグはごくごくベーシックなもの。調子が悪い原因をあれこれ難しく考えた後、最後にふとプラグを思い出す、なんて事のないように定期的な交換を心掛けたい。

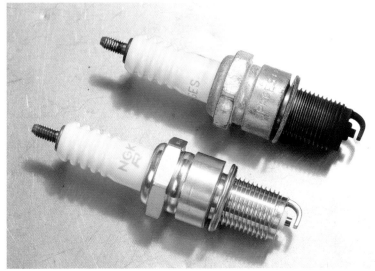

01 SRの標準プラグはNGK製BPR6ES。もちろん単気筒ゆえに使用数も1本のみ。プラグのトラブルは即走行不能に直結するため、不測の事態が起きる前に、5,000kmに一度は交換しておこう。

今やプラグがどこにあるかわからない複雑な構造のモデルが多い中、SRのプラグはそのシンプルさを象徴するように一目瞭然。これだけアクセスしやすいのだから、横着せずに定期的な交換を心掛けよう。

02

まずはプラグ本体から電気を供給するプラグキャップを取り外す。外す時は必ずキャップ本体を持つ事。コード側を引っ張るとキャップから外れたり断線の原因に。むき出しゆえに雨天時など、電気がリークする事も。

03

プラグをシリンダーヘッドから緩める。緩める際はレンチを回す向きを間違えないように。レンチ自体は車載工具でも十分。ただし以前にオーバートルクで締められていると、緩まない場合も。

04

取り外したプラグ。先端部がカーボンに覆われているのがわかるだろう。万一プラグが緩まない場合は無理せずプロに相談。状況次第ではシリンダーヘッドを傷めかねないので無理は禁物といえる。

05

新品のプラグを用意。L字型の外側電極と先端部中央に飛び出した金属製の中心電極の間に飛ぶスパークで混合気に点火する。電極同士の隙間、プラグギャップは0.7〜0.8mmが規定値だ。

06

07 プラグをセットする際はまず手で締める事。無理にレンチで締めるとネジ山を壊し、ヘッド交換の恐れもある。

08 セット後、レンチで丁寧に締めていく。プラグの座面がヘッドに付いたら1/2回転させガスケットを潰し一旦緩める。

09 そこからまたプラグを軽く締め、座面が付いた状態から1/4回転させればOK。キャップも確実に装着するように。

SR400 FIモデル メンテナンス マニュアル

燃料タンクの取り外し

ホースとボルトを外して終了、とならないのがFI・SRにおける燃料タンクの取り外し。火災を起こさないよう、しっかりと作業手順を学んでいくとしよう。

直接コンディションを左右する作業ではないのだが、各部を整備するにあたり必要になるのが燃料タンクの取り外し。キャブレター時代は単にボルトとホースを外しておしまい、の作業だっ

たが、FI化で取り外しは少々複雑に。勢いだけで作業すると例外なくガソリンまみれになるので、ここでFI・SRならではの作業手順を確認し、必要な際は正しい手順で実践してもらいたい。

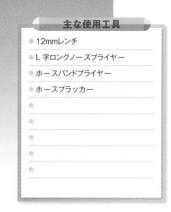

主な使用工具
- 12mmレンチ
- L字ロングノーズプライヤー
- ホースバンドプライヤー
- ホースプラッカー

キャブレターモデルならなんて事はなかった燃料タンクの取り外しだが、インジェクションモデルにおいてはそこに至る工程が増加。ここからはそのプロセスとノウハウについて解説していくとしよう。

01

02 インジェクションモデルのコックはON/OFFのみ。写真はONの状態。最初の作業はガソリンの漏れを少なくするため、フューエルポンプケース内のガソリンをアイドリングで可能な限り消費する。

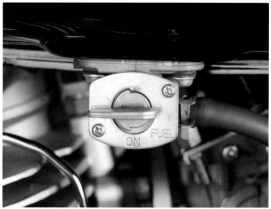

03 そのためにコックをOFFの状態でアイドリングさせる。いうまでもないが切り替えを忘れたままアイドリングさせない事。"さすがインジェクション、燃費がよい"なんて事のないように。

04 まず、メインキーで3回ほどON/OFFを繰り返す。これにより電磁ポンプでコレクタータンク内に残ったガソリンを送り出す事が可能になる。

エンジンを始動し、残留したガソリンを消費するまでアイドリングさせる。この作業を行う事でフューエルホース内にまだ少し残っている燃料を可能な限り消費し、タンク取り外し時の燃料漏れをより少なくする事が可能。

05

06 ここからは車体側の作業に移ろう。最初はシートの取り外しから。取扱説明書の項でも解説したが、まずはシートを固定している左右2本のボルトを取り外す。

07 固定用ボルトの取り外しに使うレンチサイズは12mm。下向きなので工具をかける際はしっかりと目視する事。レンチの掛け方がいい加減だとボルトの頭を傷める。

08 シートを取り外す。外したシートは布等を敷いて作業の邪魔にならないところに置く事。漏れたガソリンが付着したりうっかり蹴飛ばしてしまわないよう注意したい。

タンク後端を固定しているボルトを取り外す。レンチのサイズはやはり12mm。左右にスペースがないので、単純なメガネレンチ類よりも写真のようなラチェットレンチがあれば、作業はよりスムーズ。

09

10 フューエルセンダーカプラーを取外すためオイルホースに共締めしている固定バンドを取り外す。タンク下で見えにくいため、ライト類で照らすと確実な作業が可能。

11 これが固定用のバンド。締めつける方向にはラチェット的に固定できる構造で、きれいに外せば再利用可能だ。取り外す際にホースとハーネスを傷めないように。

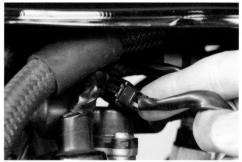

12 フューエルセンダー、つまり燃料警告灯用のハーネスを引き出す。場合によっては熱でハーネスが固くなっている可能性もあるので、断線させないよう取り扱いは丁寧に。

13 ハーネスのタンク側と車体側をカプラーで切り離す。ちょっとした作業だが忘れるとタンクを外す際、最後に引っかかる部分なので確実にカプラーを外しておく事。

14 タンク上部に接続されたブリーザーホースを取り外す。オイルフィラーキャップ横の奥まった箇所に接続されているので、ロングノーズプライヤーを使ってクリップを外す。

15 クリップを外したらブリーザーホースをタンクから引き抜く。万一ホースや接続部からタンク表面にガソリンが垂れたら、塗装を傷めないよう即、拭き取っておくように。

16 メインキーを使って左サイドカバーを取り外す。キーシリンダーはダウンチューブ横。頻繁に使用する箇所ではないので、動きが悪いようなら潤滑剤等を用いてみよう。

17 左サイドカバーを外すと現れるのがフューエルポンプケース。黒い円筒状のケース内には、ガソリンが満たされたコレクタータンクが内蔵されている構造だ。

18 まず、ポンプケース上部に接続されたブリーザーホースを取り外す。最初にアイドリングでガソリンを消費したのは、この中のガソリンをなるべく減らすため。

19 ブリーザーホースを固定しているバンドをジョイント部からずらし、ホースをフリーに。しっかりと固定されているので、バンドの幅に合った工具を使うのがベスト。

20 続いてホースを取り外す。ホースが固着しているようなら無理に引っ張らず、ホース内周を専用のセパレーターか先の丸まったピックツール等で分離し取り外そう。

21 続いてフューエルホースを燃料コックから取り外す。まずは固定用バンドの取り外し。言うまでもないがコックがOFFになっている事を確認してから作業開始する事。

22 バンドを外しフューエルホースを取り外す。どのホースにも関わらず取り外しの際は多少のガソリンの漏れがあるもの。ウエス類は常に手元に置いて作業を進めよう。

23 続いてタンク下部に接続されているホースの取り外しに入ろう。作業をする上でスペースが欲しいため、タンク後端に写真の様なウッドブロック等を挟むと効率的。

24 プレッシャーレギュレーターから接続されるフューエルホース。圧を逃がしにくい場所なので外す際はガソリンの処理ができるよう必ずウエスを多めに用意しておく。

25 大変奥まった場所なので、バンドを外すにはL字型のロングノーズプライヤーが必須。合わせて両手をフリーにできるヘッドランプで照らすとより効率的に作業可能だ。

26 無事フューエルホースを外したらタンクを取り外す。タンクを下ろす前に各ホースやハーネス類の切り離しができているか、確認してからタンクを持ち上げよう。

27 燃料タンクを外した状態。外したタンクは作業の邪魔にならず、もちろん火気の無いところで保管する事。加えてスペースを共有する人への告知も忘れないように。

SR400 FIモデル メンテナンス マニュアル

ハンドル周りのグリスアップ

その効果は歴然。メンテナンス前と後ではフィーリングは激変し、ちょっと
マンネリ化していた愛車との関係も、これを期に再燃する事確実だ。

　直接手に触れる場所ながら、それゆ
えに体が勝手にアジャストしてしまい、
コンディションの悪化に気付きにくいの
が各レバーやスロットル周りのグリス切
れ。加えて少々手間が掛かるので、分

かっていつつも、つい整備は先送りさ
れがち。しかし手間をかければその効
果は歴然。操作系のスムーズさが、い
かに走りの印象を変えるのかを体感し
てみよう。

主な使用工具
● ワイヤーインジェクター
● 10mmレンチ
● 10mmオープンレンチ
● 13mmオープンレンチ
● 5mm ヘキサゴンレンチ
● 2番 プラスドライバー

01 SRのクラッチはワイヤー式。旧態然としたシンプルな構造だが、そこがSRならではと言える。ベーシックな作りだけにメンテナンスも基本を抑えた作業を、定期的に行うのがポイントといえる。

02 まずはケーブルの取り外しから作業スタート。最初にアジャスターをカバーしているブーツを外す。ブーツに傷みがある場合は交換したいが、部品単体では供給されずケーブルとセットでの販売となる。

03 同様にレバーピボットのブーツも外す。ブーツ類は水や埃の侵入を防ぐには効果的だが、入ってしまった汚れが逃げにくいという面も。目視もしにくいだけに内部は意外に汚れが堆積しているはず。

04 アジャスターとレバーホルダーの溝を一番短い状態で揃え、ケーブルを引き出す。ケーブルがアジャスターから抜けたらクラッチレバー側の溝にケーブルを合わせ、ケーブルエンドをレバーから外す。

注油は市販のインジェクターを用いるのが簡単。また、つい手元にある家庭用潤滑剤を使いがちだが、耐久性を考えると専用のものが無難。加えて粘度の高いものはレバー操作が重くなるので注意。

05

06 注油はケーブルの反対から油分が出てくればOK。インジェクターの差込口の径がケミカルと合わない場合は他のスプレーノズルを軽く炙って合わせるとよいだろう。

07 ケーブルエンドから漏れ出た油分はしっかりと拭き取っておくように。続いてレバーの取り外し。ピボットボルトから下側のナットを緩める。レンチはどちらも10mm。

08 ナットを取り外せたらピボットボルトを取り外す。ホルダーの下側にネジが切ってあるので、ボルトもレンチで回していく。回り方が渋いようならネジ部に潤滑剤を。

09 ピボットボルトを抜けばレバーを取り外せる。レバーの根本を挟むホールド部は意外にもろいので、ボルトを抜いた状態でレバーを上下にこじらないよう気を付けよう。

10 取り外したレバーをクリーニング。変質した古いグリス及びダストが堆積している事がわかる。パーツクリーナーとウエスを用いて汚れをしっかり落としておこう。

11 同様にレバーホルダーも必ずクリーニングしておく。堆積した汚れは摺動部を削っていくので、動きが悪くなるだけではなく接合部のクリアランスも広げてしまうのだ。

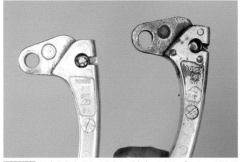

12 写真からも分かるように、ピボット部にブッシュが設けられていないため、使い込まれるとピボット部の穴が右のように楕円に変形する。こうなったらレバーは交換だ。

13 しっかりとクリーニングできたら各部をグリスアップしていく。使用するグリスはモリブデングリスがベーシックだろう。まずはレバーホルダーのピボット部へグリスを。

14 グリスはただ塗るのではなく、摺動面に薄く塗り拡げるのがポイント。余ったグリスはダストを呼び込む原因になるだけなので、塗りすぎた場合は取り除いておく。

15 続いてはレバー。ケーブルをセットする部分はエンド部を保護するイメージで。ピボット部は前項のホルダー、後項のピボットボルトとの兼ね合いもあるのでごく少量を。

16 ピボットボルトのネジ山のない箇所、つまりレバー側の穴と接する部分にグリスを塗布。レバー側の負担が大きい箇所なので表面に薄く、かつ均一に塗っておくように。

17 ボルトとナットでレバーを装着。ハンドル形状を変えていたりすると、先にケーブルをセットしてからレバーを装着したほうがスムーズな場合もあるので臨機応変に。

18 ここからはSRならではといえるデコンプ用ケーブルのグリスアップ。まずはシリンダーヘッド側のケーブルホルダーを取り外す。使用レンチは5mmのヘキサゴン。

19 ケーブルを外したら、シリンダーヘッドのデコンプカムからフリーになったケーブルエンドを取り外す。カム溝のエッジでケーブルを傷めないよう丁寧に作業する事。

20 デコンプカムからケーブルを外したら、レバーホルダーからケーブルを引き抜くように取り外す。ケーブルのテンションだけで止まっているので、ただ引き抜けばよい。

21 デコンプレバーからケーブルエンドを取り外す。ケーブルのアウターをホルダーから外したら、溝に合わせてケーブルを引き出し、クラッチ側と同様にエンド部を引き出す。

22 デコンプケーブルにインジェクターで注油を施す。スプレーのノズルは中途半端な差し込み方やサイズが合っていない場合、圧が掛かった際に吹き返すので接続は確実に。組み立ては分解と逆の手順で。

23 ここからはスロットルケーブルへの注油を解説。スロットルケーブルは引き側と戻し側の2本。まずはスロットルボディ側の取り外しから。使用レンチサイズは10mm。

24 作業は車体前方の戻り側から。ケーブルホルダーでロックナットが留められているので、ケーブル側のアジャスターを締め、ケーブルに余裕を作りエンド部を取り出す。

25 プーリーの後ろ側にセットされた引き側のケーブルも同様に取り外す。ケーブルが傷んでささくれている場合も見受けられるので、取り外しの際は怪我をしないように。

26 ケーブルを取り外したスロットルボディのプーリー。単体で動かすと実感できるが、それなりのテンションが掛かる構造。油分が切れてもケーブルは働かざるをえないだけに、定期的な整備は欠かせない。

27 続いてスロットルケーブルの上流にあたるスロットルホルダー側の分解。後方の戻し側、前方の引き側の順で中空ボルトを取り外す。使用するレンチサイズは13mmだ。

28 ちなみに13mmというレンチを使うのはここのみ。続いてスロットルホルダーをハンドルバーに固定しているスクリュー2本を外す。長さは2本共通。ドライバーは2番。

29 スクリューを外すとスイッチボックスを兼ねたスロットルホルダーが上下に分割できる。各スイッチ用に引き回されたハーネスがあるので、捻ったりして断線させない事。

30 スロットルケーブルエンドがセットされた白い部分がスロットルチューブ。ケーブルは進行方向に対し前方が引き側、後方が戻り側。取り外す前に確認しておこう。

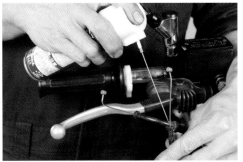

31 スロットルケーブルは形状的にワイヤーインジェクターを使えない。そのため面倒だが、ケーブルとアウターの隙間から潤滑用のオイルをスプレーで注入していく。

32 時間があるならケーブルの上端にビニール袋等をアウターに輪ゴムで袋状に巻き付け、そこにオイルを満たし吊るしておく、という昔ながらのスタイルも有効だろう。

33 スロットルチューブをハンドルから抜き取る。ハンドルバーの表面とチューブの内側は古いグリスや汚れが堆積しているので、しっかりとクリーニングしておこう。

34 クリーニング完了後、グリスを薄く塗布。グリスはいわゆる万能グリスでOK。ただし粘度の高いものはNG。グリスが固いとスロットルの動きも重くなってしまうのだ。

35 スロットルケーブルの見分け方だが、スロットルボディ側で見るとアジャスト用のナット2個がある写真上側が引き側。固定用のナットのみの下側が戻し側。注油後の余分なオイルは拭き取っておくように。

36 スロットルチューブもグリスアップ。ケーブルエンドの取付部やケーブルが触れるところにグリスを塗布しておこう。チューブの奥にグリスが無駄に溜まらないよう注意。

37 スロットルはグリスの硬さ次第で驚くほど操作が重くなる場合も。グリスアップ後は、逆の手順で各部を組み立て。その際ハンドルを左右に切り、エンジンの回転数が変化しない事を必ず確認しておく事。

38 続いて同じハンドル右側、フロントブレーキレバーのグリスアップに作業を移そう。まず最初にレバーピボット部をカバーしている、ゴムブーツを外す。

39 レバーピボットを取り外す。ピボットボルト、ナット共にレンチのサイズは10mm。ナット側にオープンレンチを使う場合は下側のナットの落下、紛失に気を付けるように。

40 ピボットボルトを外し、ホルダーからブレーキレバーを取り出す。レバーとホルダーの間にはテンションスプリングが収められているので、忘れずに取り出しておく事。

41 クラッチレバー同様、こちらも各部をクリーニング。堆積した汚れを落としたら、ピボット部の異常がないかを確認。その後ホルダーやピボットをグリスアップする。

42 グリスアップ後、各部を組み立て作業完了。スプリングを入れ忘れないように。ピボット部の締め過ぎは動きの悪さやホルダーを傷める場合も。締付けトルクは7Nm。

SR400 FIモデル メンテナンス マニュアル

ライトバルブ・バッテリーの点検

キックスタートのSRもFIである以上、バッテリー無しでは始動不能。不測の事態を招く前にコンディション維持と適切な対処方法を学んでおこう。

SRがデビューした頃と比較して、格段に信頼性が向上した電装系。特にロングツーリングではスペアが必須だったバルブ類は、もはや切れるという概念が消えつつあり、バッテリーは駄目になって初めて、性能低下に気付くレベル。そうなってから泣きを見ないよう、コンディション維持とトラブルの対処法を、一人前の乗り手として身に付けておきたい。

主な使用工具
- 8mmレンチ
- 14mmオープンレンチ
- 2番 プラスドライバー

01 構造のシンプルなSRだが、ヘッドライトバルブへのアクセスには分解作業が必要。まずはヘッドライトをレンズとシェルに分割するためシェルの下側、左右2ヵ所に設けられたスクリューを緩める。

02 ドライバーはプラスの2番を使用。左右のスクリューを外したらレンズをリムごと下側からしゃくるように持ち上げる。配線はつながったままなので、勢いよくレンズを引っ張らないようにする事。

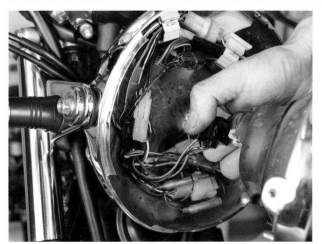

03 レンズにセットされたヘッドライトバルブへの配線を取り外す。いうまでもないが外す際はカプラーを持ってゆっくり確実に引き抜く事。また横着してケーブルだけつながった状態でレンズ側をぶら下げたりしないように。

04 写真はカプラーを外したライトバルブの端子部。ライトバルブを覆うようにゴム製のカバーが装着されている。取り付けの際は必ずTOPマークを上にして装着する。

05 カバーを外すとバルブを固定しているクリップが顔を出す。クリップを取り外せばバルブはフリーの状態に。バルブ周辺はクリップを含め、金属のエッジでの怪我に注意。

06 ノーマルのライトバルブはH4の60/55Wで入手も簡単。いまやバルブ切れも少なくなったが、手順さえ覚えておけば出先でのトラブルにも安心して対処できるだろう。

07 ここからはメーターパネル内のバルブ切れへの対処法。メーターパネルから伸びるハーネスのカプラーを外す必要があるため、バルブ交換同様ヘッドライトを分割する。

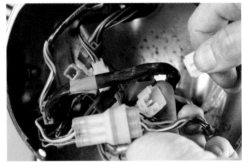

08 バルブ交換自体は簡単だが、そこまでのアクセスが大変というのがバイクメンテナンスには付き物。タコメーター側を交換する際は青と黒のカプラーを取り外す。

09 スピード側は写真中央に見える青と白の組み合わせ。さらにいずれの場合も、右側のギボシ端子2本も外す。カプラーは間違えて接続しようとしても入らないので安心。

10 次に外さなければいけないのが各メーターのケーブル。メーターケースの下部にそれぞれのケーブルが接続されているので、プロテクト用のゴムカバーを外しておく。

11 ケーブルを固定しているナットを緩める。最初にセットする時に手で回しやすいように設けられた滑り止め下の六角部にレンチをかける。使用レンチのサイズは14mmだ。

取り外し手順はタコ、スピードどちらも共通。ちなみにいずれも基本的に注油は不要。逆にタコメーターケーブルに関しては、油分がメーター側まで来ているようなら、エンジン側のシールに問題ありだ。

12

13 ハーネスとケーブルを外したら、メーター自体に作業を移そう。まずはメーター本体とケースを固定している2ヵ所のナットを緩める。ナットは袋ナットでサイズは8mmだ。

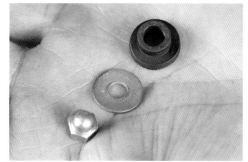

14 固定は袋ナット、ワッシャー、ゴムのシール兼ダンパーの3ピース構成。小さな部品だがどれが欠けてもメーターの機能不全の引き金になるので失くさないように。

ケースからメーター本体を取り出す。このクリアランスを確保するために、前述したハーネスの切り離しが必要となる。バルブ交換の作業だけならば、ハーネスはシェルから全部引き出さなくても大丈夫。

15

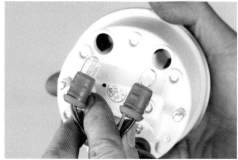

16 メーターランプのバルブは12V1.7Wのウェッジ球。ゴムのソケットを引き出し、切れているバルブを差し替えれば作業は終了。タコ、スピードどちらもバルブは共通だ。

17 ここまで分解したなら、メーター本体とケースの接合面に設けられているメーターダンパーもチェックしておきたい。まずは切れたり極端に硬化していないかを確認。

18 コンディションが酷いようなら迷わず交換。問題無ければ表面に薄くラバーグリスを塗布しておく。水分が入ってボルト類が錆びるとメーターが外れなくなる事も。

19 メーター本体をケースにセットしていく。ハーネスを引きつつ負担を掛けないように組み込むのがポイント。無理に引っ張ったりメーターで無理やり押し込まないように。

20 トリップメーターのノブは一見邪魔そうに見えるが、そのままでもメーターの分解は可能。逆に組立時の無造作な作業でダンパーを変形させないよう注意したい。

21 メーター本体をケースにセットしたら、ナットで固定する。ゴムダンパーとワッシャーも忘れずにセット。作業スペースが少ないので作業は落ち着いて進めよう。

22 袋ナットを締めてメーターを固定。ナットは左右均等に締めないとダンパーが歪み、本来の性能を発揮できないので注意。メーターケーブルの接続も忘れないように。

23 バルブ交換で忘れてはならないのがウインカー。バルブへのアクセスはレンズの取り外しから。上下2ヵ所のスクリューを緩める。使用ドライバーはやはりプラスの2番。

レンズを外した状態。スクリューの頭が錆びている事も少なくないので、ドライバー押して回すという基本を忘れないように。レンズと本体の間にあるゴムシールの状態も合わせてチェックしておこう。

24

25 バルブは12V21W。バルブを押し込みつつ回せば取り外せる。テールランプも手順はほぼ同様で、テールランプのバルブのサイズは12V21/5W。

26 最後はバッテリーのチェック。最初にシートを外しバッテリーを固定しているバンドを取り外す。バンドも傷んでいるなら、切れる前にいさぎよく交換してしまおう。

27 カプラーを外し電圧を計測。12〜12.7Vくらいが標準値。10V程に低下するとフューエルポンプが作動しないのでキックスタートながら始動はもはや不可能といえる。

28 定期的に走る事がコンディション維持には有効。補充電もよいが10V以下なら交換が確実。乗る時間が少ない人ならトラブル防止に車検ごとの交換がベストだろう。

SR400 FIモデル メンテナンス マニュアル

フロント足回りの点検

即走行不能になるわけではないが、状態の悪化が走りの質を損なう足回り。大きな問題に発展させないよう、日々のメンテナンスが重要だ。

コンディションの劣化が目に見える形で分かりにくいため、意外と軽視されがちなのがフロントフォークやホイールのコンディション。症状が悪化するとリペアに手間が掛かるので、トラブルを未然に防ぐ、あるいはトラブル発生を予見できるコンディション管理が重要だ。日頃のちょっとした気遣いで、乗れない時間や無駄なコストを削減していこう。

主な使用工具
◎ シールリムーバー
◎ スポーク・ニップルレンチ
◎ ジャッキスタンド

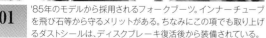

01 '85年のモデルから採用されるフォークブーツ。インナーチューブを飛び石等から守るメリットがある。ちなみにこの項でも取り上げるダストシールは、ディスクブレーキ復活後から装備されている。

見えないだけに、気にはなりつつも放置している人も少なくないはず。ここではそんな人のために、フロントフォークのコンディション維持に関して解説していこう。まずブーツ下端を丁寧にめくっていく。

02

ブーツエンドはアウターチューブ上部の溝にはまっている構造。先端が鋭利ではないシールリムーバー等を用いて、傷を付けないように外していく。各部を傷付けないよう、作業は丁寧に進めていこう。

03

04 フォークブーツをアウターチューブから分離した状態。固着している部分を無理に剥がすとブーツが切れる場合もあるので注意。普段見えにくい蛇腹の部分に傷みがないかもチェックしておくように。

05 アウターチューブに設けられたダストシールを取り外す。ゴムとチューブの隙間にリムーバーを差し込み、テコの原理で金属部分を少しずつ持ち上げるよう外していく。

06 ダストシールを外す際は、アウターチューブ外周に渡って均等にずらしていく。1ヵ所だけ無理に持ち上げていくと、シールに加えリムーバーの掛け方次第ではアウターチューブの縁が変形する可能性も。

07 ダストシールを外した奥にあるのがオイルシールと固定用のクリップ。今回はこの付近の点検と清掃が主眼。オイルが滲んでいるならオイルシールの交換が必要となる。

08 シール交換は技術と工具が必要。オイルが滲んでいるならプロに相談。シール付近をクリーニング後、高品質のシリコンスプレーをシールのリップに吹いておく。

09 サークリップはサビが酷いなら新品に交換。コンディションが良ければラバーグリスを盛っておく。サビ止め効果を高める事でシールの寿命を延ばす事が可能だ。

10 インナーチューブ表面に点錆を発見したら1,000〜1,500番程度のサンドペーバーを用い潤滑剤を使ってごく軽く磨く。磨く方向は円周方向のみ。錆が指に引っかからない程度にとどめるのが鉄則。

12 タイヤと接するリムと車軸側のハブ、調整可能なスポークという構成のスポークホイール。時間の経過と共に緩みが出てくるので、1本ずつドライバー等で叩き音を確認。

11 スポーク調整はホイールを回しながら作業するため、センタースタンドを使用。フロントホイールは地面に接地しないようジャッキをフレーム下に入れ、ホイールを浮かせると作業がスムーズだ。高さはあくまでも浮かせる程度で。

13 スポークを叩いた音が低かったりビリビリが出ていたら緩んでいる証拠。別の場所を締めるとテンションが変化するので増し締めの際は1/4回転ずつ行うように。作業にはニップルレンチを使用する。

14 緩んでいるからといって1ヵ所だけ集中して締めてしまうと、他の場所のテンションが変化し歪みの原因に。単なる増し締めではなくスポーク全体のテンションを揃えるイメージで作業を進めよう。

増し締めはホイール1周ごとにスポークを叩き音をチェック。音が揃ってくればスポークの張りも均一に近付いてきた証拠。あくまでも張りを揃えるのが狙いなので、部分的に極端な緩みがなければ大丈夫。 **15**

16 極端に締まらない、緩まないというのであればニップル部のトラブルの可能性も。またリムの歪みを修正するにはレベルの異なる知識と技術が必要。深追いして失敗する前に、プロに相談が無難だ。

リアサスペンションのプリロード調整

作業はシンプル、元に戻すのも簡単。まずは一度アジャストして乗り比べて見よう。走り心地の違いに、新たな走りの発見があるかもしれない。

　実はあまり意味が分からない、あるいは存在自体知らない、というのがリアショックユニットのプリロード調整だろう。他に調整機構を持たないSRの場合、とりあえずバネを柔らかいところから、あるいは固いところから働かせる、という認識で構わない。調整してもすぐに元に戻せるので、とにかく一度アジャスターを動かし、その違いを実際に体感してほしい。

主な使用工具
● フックレンチ
●
●
●
●
●
●
●

絵に書いたような実にシンプルな構成のリアショックユニット。ベーシックなオイルダンバーで、ダンピング効果が無くなれば交換するしかない。乗る機会の少ない人は、ロッドの錆に気を配っておきたい。

01

シンプルなリアショックユニットが唯一備えている調整機能が、プリロードアジャスター。調整は5段階。写真は出荷時にセットされている最弱の状態。成人男子であれば、少々柔らか目といえるだろう。

02

写真は最強にした状態。実際に跨がるとリアショックが沈みにくくなった事が体感できるはずだ。二人乗りや荷物の多いツーリング等では、プリロードを強めに掛ける方向へ調整するのが基本。

03

04 調整はショックスプリング下部のアジャスターにある突起の穴に、フックレンチ等を差し込み回転させる。ヘキサゴンレンチ等を使う場合は、外れて怪我をしないように。

SR400 FIモデル メンテナンス マニュアル

タペットクリアランスの調整

一見ハードルは高そうだが、決まりごとさえ守れば作業はシンプル。直接エンジンに触れる事で、より自身のSRへの愛情も深まる事だろう。

エンジンに関する作業という事で、少々ハードルの高さを感じるタペットクリアランスの調整。しかしカバーさえ外してしまえば作業自体はシンプル、かつアジャストもたった2ヵ所だけなので作業時間も短め。オイルを変えてもヘッド付近からの音が気になるなら、後述するカムチェーンテンショナーの調整とセットで、ぜひ一度チャレンジを。

主な使用工具
● 5mm ヘキサゴンレンチ T字·首下ショート
● 12mmレンチ オフセット有
● L字ロングノーズプライヤー
● バルブアジャスティングツール
● シックネスゲージ
● プラスチックハンマー
● トルクレンチ
●
●

01 タペットクリアランスの調整は必ず冷間時、最低でも前日にエンジンをストップさせたレベルで行う事。せっかく手間を掛けるのだから、より正確なクリアランス測定ができるよう心掛けたい。

02 最初に左側のケースカバーを取り外す。固定しているボルトは5本でレンチは5mmのヘキサゴン。ベーシックなL型ではなく写真のようなT型が作業しやすいだろう。対角線上に緩めるのが原則だ。

03 ボルトが外れても大抵カバーはエンジン側に固着している。そこで手で叩きショックを与え、カバーを取り外す。力の加減が微妙でプラスチックハンマーだと、少々強すぎる傾向があるので覚えておこう。

04 ケースカバーを外したところ。合わせ面のガスケット不良の場合、水分が混入して発電用のステーターに錆が発生し、機能不全になる場合も。またカバー内部がオイルまみれの場合はクランクシール破損の可能性が高い。

05 破損したガスケット。叩く際の力加減が重要なのはこのため。無傷なら再利用可能だが前述したトラブルを防ぐために、切れ、破れのある場合は必ず交換するように。

06 カバーを固定していた5本のキャップボルト。長さ20mmのものが4本、スプロケットカバー側の1本のみ25mmと異なるので、外した際に位置を確認しておこう。

07 続いて、バルブのタペットクリアランスを調整するために、エンジンに設けられたカバーを取り外す。場所はシリンダーヘッドカバーの排気側と吸気側各1個の計2ヵ所。

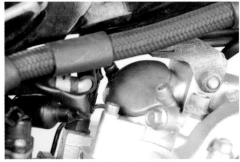

08 ヘッドカバー後方に位置する吸気側のカバー。ハーネス類が邪魔で作業スペースが少ない事が分かるだろう。無理な作業は硬化したハーネスを傷めるので注意。

では取り外しの作業に移ろう。カバーを固定しているボルトは2本のキャップボルト。使用するレンチは5mmのヘキサゴン。排気側はクリアランスが確保しやすいので、比較的作業は進めやすいといえる。

09

10 対する吸気側はスペースが狭いので、同じヘキサゴンレンチでも先が短いタイプが便利。特に奥側はほぼスペースが確保できないので、効率を考えればぜひ用意したい。

11 写真の排気側のカバー、進行方向に対して右側の固定ボルトのみ、他の固定用ボルト3本より短いものが使われている。取り付けの際に間違えないよう分別しておこう。

12 ボルトを緩める際は左右均等に緩めていくのが基本。またスペースが狭いので、レンチの掛け方がいい加減になりがち。レンチはしっかりとボルトにセットするように。

13 ネジロック剤が付いた1本(右)だけ微妙に長さが異なるのが分かるだろうか。取り外し後に見分けられるよう、ネジロック剤の除去は取り付け直前に、というのも無難。

14 カバーはシリンダーヘッドに固着しているはず。プラスチックハンマーでボルト穴付近を、ごく軽く横にスライドさせるイメージで叩いていく。強い衝撃は歪みの原因に。

15 カバーを外した状態。カバーとシリンダーヘッドの間にはゴム製のOリングがセットされている。しっかりと固定され高温にさらされる場所だけに、必ず新品に交換。

16 カバーを外し現れるのが、バルブアジャスターとロッカーアーム。構造は吸気側、排気側どちらも同じ。中央のスクリューを回し位置を上下させ、バルブとの隙間を調整する。

17 カバーを取り外したらクリアランス調整作業に入ろう。まずクランクシャフトを反時計回りに回転させ、クランクケースの合いマークとローターのTマークを合わせる。

18 ケース側の突起とローターのT字横のラインが揃ったところが計測を行う圧縮上死点。これによりバルブが仕事をしていない状態でクリアランスの測定が可能となる。

19 さらにロッカーアームを直接掴み、隙間がある事を確認。まったく動かないならバルブは仕事中。クランクをもう一度回転させ、マークを合わせ隙間がある事を確認。

20 アジャスターエンドとバルブステムとの隙間がバルブクリアランス。まずはシックネスゲージを用いて現在のクリアランスがどの程度あるのかをチェックしていこう。

21 SRの場合、吸気側が0.07〜0.12mm、排気側が0.12〜0.17mmというのが規定値。基本的には範囲内にクリアランスが収まっているなら問題無し。規定値に収まっていない場合は調整が必要だ。

22 調整はアジャスターを固定しているロックナットを緩める事からスタート。使用するレンチサイズは12mm。ロックナットを緩めすぎてエンジン内に落下させないよう、作業は慎重に行いたい。

23 ロックナットを緩めたらシックネスゲージでクリアランスを設定。アジャスターを回しクリアランスを規定値に調整。アジャスターの位置が決まったらロックナットで固定、というのが基本的な流れ。

24 とはいえロックナットと共にアジャスターも回ってしまうので、そこを踏まえ調整、固定を繰り返す。ロックナットによる固定は確実に。ゲージを抜く際、羊羹を切る感触というのが昔からの定説。

25 アジャスターのバルブステムフェイスと直接当たる部分の表面が傷んでいるのが分かる。偏摩耗して球面状でなくなったら正確な調整は不可能。新品に交換が必要だ。

26 FI化後は熱的に厳しいため、オイル管理が悪いとアジャスターをはじめ傷みやすい傾向。ちなみに監修の細井氏の場合は、ノーマルエンジンならクリアランスを吸気側0.10mm、排気側を0.15mmという設定にしているそうだ。

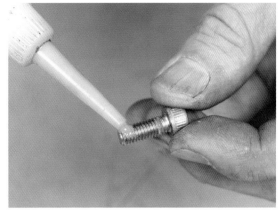

27 クリアランスのセットが終了したところで、ここからは組み立てに関し解説していこう。前述した通りカバー固定用ボルトに塗布されていた古いネジロック剤を、ナット等を用いてクリーニングしておく。

28 クリーニングしたボルトに新しいネジロック剤をほんの少し塗布。ネジロックは中強度タイプを使用。間違っても完全に固定してしまう高強度タイプのものを使わないよう、購入時には気を付けよう。

吸気側、排気側のカバーを装着。カバーにセットするOリングは新品に交換だ。ボルトは外す時同様、左右均等に締める事。最後はしっかり力を掛けられる側でレンチを用い、ボルトを確実に締めるように。

29

ケースの合わせ面はしっかりクリーニングしておくように。残ったガスケットは確実に除去。スクレーパーは刃を立てず、ケースを削らない事。ダストがローターやケース内に入らないよう注意したい。

30

31 頻繁に作業する部位ではないのでケースカバーのガスケットは新品に交換するのが無難。水分が入って電気系が突然死するくらいなら、せっかくの機会と捉え交換する方が気分的にもよいはずだ。

32 最後にケースカバーを装着。長さの異なるボルトの位置を間違えないように。ボルトを締める際は対角線の順に全体を均等に固定していく。締め付けトルクは10Nm。作業は以上で終了だ。

カムチェーンテンショナーの調整

エンジンから"シャラシャラ"と音が聞こえたら要チェック。難しいテクニックも特殊工具も必要ないので、まずはカバーを外し点検してみよう。

　先に解説したタペットクリアランスの調整とセットで行いたいのが、カムチェーンテンショナーの調整。紹介の順が逆になってしまったが、実際に作業する場合は、テンショナーの調整後にタペットクリアランス調整を行う事。こちらもエンジンに直接関わる作業ながら、手順はごく簡単。タペットクリアランスの調整と同様、エンジンが完全に冷えた状態で作業するように。

主な使用工具
● 10mmレンチ
● 22mmレンチ
● 27mmレンチ

01 カムチェーンテンショナーの調整は、タペットクリアランス調整とセットで行うのが効果的。解説の順序が逆になってしまったが、先にカムチェーンの張りを決めてからタペットクリアランス調整を行う。

02 当然作業はエンジンの冷間時に行う。エンジン右側のシリンダーから突き出した円柱状のパーツが、カムチェーンテンショナーのカバーキャップ。まずはキャップを緩める。レンチサイズは27mmだ。

03 目立つ箇所なのでキャップに無駄な傷を付けないよう、レンチを用いる際は丁寧に。キャップを外すと中からオイルが漏れてくるので、作業を始める前にキャップの下部にウエスを準備しておこう。

04 キャップを取り外したらテンショナーの調整に移ろう。まず最初にアジャスターを固定している外側のロックナットを緩める。使用するレンチのサイズは22mmだ。

05 ロックナットを緩めたらその内側、頭に10mmの六角部をもつアジャスターを回し、中央の溝があるテンショナーと各天面の高さを揃える。写真はテンショナーとアジャスター、それぞれの天面が揃った正しい状態だ。

06 こちらは中央のテンショナーの面が、外側のアジャスターの面より外側に出てしまった状態。キャップを外した際にこの状態なら、アジャスターを反時計回りに回し面の高さを揃えていこう。

07 こちらは反対に、中央のテンショナーの面が外側のアジャスターの面より奥に入ってしまった状態。この場合はアジャスターを時計回りに回す事で、テンショナーとの面を揃える事ができる。

08 テンショナーとアジャスターの天面を揃えたら、ロックナット（締付トルクは38Nm）を固定し調整は完了。カバーキャップ内側のOリングは、硬化や変形等が見られるようなら新品に交換しておく。

09 カバーキャップを固定して作業は終了。ロックナットの締め忘れには注意するように。キャップを外すだけで状態が把握できるので、何か違和感を感じたら適宜チェックしてみると良いだろう。

フロントブレーキのメンテナンス

正直ビギナーには勧めにくいのがブレーキのメンテナンス。チャレンジするなら、やる気と責任、そして信頼できるアドバイザーを用意する事。

ここではフロントの油圧ディスクブレーキに関するメンテナンスを解説。単なるフルード交換にとどまらず、本来持つポテンシャルをしっかり発揮できるよう、キャリパー周りのクリーニングを含めて紹介していく。ただし整備の腕に自信のない人は無理にチャレンジせず、素直にプロの手に委ねよう。「失敗しました」では済まないのが、ブレーキメンテナンスの難しさなのだ。

主な使用工具
● 8mmレンチ
● 12mmレンチ
● 2番 プラスドライバー
● ピストンリムーバー
● ナイロンブラシ
● トルクレンチ
● ノギス
●
●

01 SRのフロントディスクブレーキは、片押しの2ポット式キャリパーとシングルディスクを組み合わせたごくベーシックなタイプ。まず最初はキャリパー側のメンテナンスから作業をスタートするとしよう。

02 まずはキャリパーをなるべくフリーの状態に近付けるため、ブレーキホースをフロントフォークに固定させているブラケットから分離させる。固定はボルト1本で使用するレンチのサイズは8mmだ。

03 ブレーキホースはブラケットにはめ込んであるので、ブラケットはそのままにホースのみ外したいところ。だが、無理な作業はホースを傷める事になるので、横着はせずブラケットごと取り外すように。

04 続いてキャリパーのスライドピンを取り外す。ピンは上下2本。上部のピンはフロントフォーク側、エア抜き用のバンジョーボルト横。使用するレンチサイズは12mmだ。

05 下側のスライドピンはキャリパー最下部。上下共にワッシャーやカラー等は無いので、普通にボルトを緩める要領で取り外していく。とはいえ作業の際は、地面にトレーやウエスを敷いておくほうが確実。

06 スライドピンを抜いたところ。グリスが多めに塗布されているはずなので、ダストの付きやすい地面には放置しないように。ピンを抜いてもキャリパーは脱落しない。

07 スライドピンは上下揃えて緩めるように。ピンを2本共抜いたところでキャリパー本体を取り外す。同時にパッドもフリーになるので、バックプレートを含め脱落に注意。

取り外したキャリパーはブレーキホースに負担が掛からないよう、吊り下げておくとよいだろう。ここでは長めのS字フックを利用。可能なら、吊ったキャリパーを載せておける高さの台があればより安心。 **08**

ブラケットをフロントフォークから取り外す。固定用ボルトは2本。レンチのサイズは12mmだ。外したパッドを再利用する場合は、外す前にセットされていた側と方向を確認後、忘れず記録しておこう。 **09**

10 ブラケットの固定ボルトを外していく。ブレーキのストッピングパワーを受け止める大事な部分だけに、ボルトの方も合わせて点検やクリーニングをしておきたい。

11 キャリパーブラケットを外したフロントフォーク。普段は手の入りにくい場所なので、こうした分解時にクリーニングしてしまおう。汚れが落ちる事で、予期せぬトラブルが見つかる場合もあるのだ。

キャリパーの奥にはパッドスプリングがセットされている。キャリパーにははまっているだけの状態なので、場合によっては取り外しの作業中に落ちてしまう可能性もあるので、失くさないように気を付けたい。

12

パッドスプリングをキャリパーから取り外す。前述した通りキャリパーに固定されているわけではないので、簡単に取り出す事ができる。スプリングのエッジで手を切ったりしないよう注意する事。

13

14 取り外したパッドスプリング。金属板を曲げ加工する事でテンションを発生させるいわゆる板バネ。上下の四角穴中央側2ヵ所のフックでキャリパーに固定する構造。

それではキャリパーのクリーニングについて解説していこう。準備するのはぬるま湯の入ったバケツにナイロン製のブラシ(これは歯ブラシが最適)、そしてどこの家庭にもある食器洗い用中性洗剤だ。

15

16 ぬるま湯と中性洗剤でキャリパーをひたすら洗っていく。キャリパー表面は凹凸が多いので小さな歯ブラシが使いやすい。ブレーキホースに負担を掛けないように。

17 キャリパー本体と共にピストンもしっかりとクリーニング。ピストン表面にブレーキダストが堆積すると動きが悪くなり、レバーのタッチが悪化してしまうのだ。

18 きれいな水で汚れを除去したら、ウエスで水気を拭き取る。とにかく水分を無くす事が重要なので、ショップでは最終的にコンプレッサーで徹底したブローを施す。

19 エアコンプレッサーが無い場合は、簡易的にスプレー式エアダスターを利用してもよい。ただし少々力不足なので、時間を置いて徹底的に乾燥させよう。

20 キャリパーを乾かす間に、他のパーツも同様にクリーニング。パッドスプリングの洗浄は力加減に気を付ける事。変形させてしまうと正しいテンションが得られなくなる。

21 ブレーキパッドも再利用する場合、同様にぬるま湯と洗剤でクリーニング。もちろんバックプレートも取り外して、しっかり洗浄しておこう。洗ったパーツはキャリパーと同じく水気を切り、しっかり乾燥させる。

22 キャリパーのブラケットも同じようにクリーニングするのだが、スライドピンの穴は水分厳禁。内部のグリスと混ざると面倒なのでウエスでしっかりと拭き上げよう。

23 ブラケットにはスライドピン用の穴が2ヵ所あるので、どちらも水分に対するケアは確実に。面倒なようだが、ここだけは丸洗いをせずにクリーニングするように。

24 ブラケットにはブレーキパッドを上下ではさむようサポート用のスプリングがセットされているので、ブラケットから外して洗浄。小さい部品なので失くさないように。

25 クリーニング後、ブラケットに装備されるスライドピン用のゴムブーツが傷んでいないか確認。切れている箇所があれば水分の混入を招くので新品に交換しておく。

26 キャリパーを完全に乾かしたら、ブレーキレバーを少しずつ握り、2つのピストンを揉み出していく。水分を嫌うのはブレーキフルードの吸湿性が高い事が要因。重要なパートだけに無用なリスクは、可能な限り排除しておきたい。

27 キャリパーから抜けない程度までピストンを出したら、ピストンリムーバーを用いてピストンを回転させる。間違ってもプライヤーの類で外周部を掴んで回さない事。

28 表側は非常に良い状態に見えたピストンも回転させ裏側を見るとこの通り。ブラシが入りにくい事もあり、まだかなりのダストが堆積している事が見て取れる。

29 残ったダストをウエスで除去していく。ピストンを回転させるのは単に汚れの除去だけでなく、シールとの固着を防ぐ効果も。ピストン表面を傷付けないよう作業したい。

30 クリーニング後、非鉱物系のピストンシール専用潤滑剤を注油。浸透性やシールへの攻撃性を考慮し、耐熱シリコングリスや鉱物系ブレーキグリスは使わない事。

31 シールの潤滑を済ませたら、続いてピストンをキャリパーの中に押し込む。片側のピストンだけ飛び出さないよう、必ず両方のピストンを一緒に押し込むように。

32 ピストンを押し込むコンプレッションツールは、状態が良ければ基本的に不要。逆にそうした特殊工具が必要な程動きが悪いならオーバーホールの時期と考えたい。

33 ブレーキレバーを握ってピストンの動きをチェック。レバーとピストンの動きが同調しているかがポイント。戻りが悪いようならピストン周りの点検、清掃を今一度行う。

34 点検を済ませたキャリパーブラケットのスライドピンブーツに、耐熱シリコーンブレーキグリスを適量塗布。グリスはブーツの中に押し込むイメージで塗っておこう。

35 対してパッドサポート用のスプリングはドライのままセットする。どうしてもブレーキの鳴きが気になるという人のみ、ごく少量の使用は有効。絶対に塗りすぎない事。

キャリパーブラケットをフロントフォークに仮止め。各部に塗られたグリス類がディスクローターに付着しないよう注意して作業を進めよう。同様に手に油分を付けたまま、ディスクローターに触れない事。

36

37 ブレーキング時の鳴きを防止するため、ブレーキパッド当たり面のエッジをヤスリで軽く面取り、つまり角を落としておく。新品のパッドはもちろん、再利用の際も有効。

38 スライドピンにも耐熱シリコーンブレーキグリスを塗っておく。表面が荒れているならサンドペーパーで整えるが、錆や段付きが酷いようなら新品に交換してしまおう。

39 パッドスプリングはドライで装着。その際、写真の様に両端をピストン内に乗り上げた状態にしない事。パッドも収まらず、無理に押し込めばスプリングが変形してしまう。

固定したキャリパーブラケットにパッドをセット。パッドは価格重視で選んだりすると、モノによっては温まらないと利きが悪かったりローターへの攻撃性が高かったりと、デメリットも少なくないようだ。

40

ブレーキパッドをセットした状態。サポートの凸側とパッドの凹側がしっかりはまっているかを確認しておく事。構造上何かで固定されている訳ではないので、キャリパーをセットする際に落とさないように。

41

続いてキャリパーを装着していく。ピストンを押し込んでクリアランスを確保しておけばセットは簡単だ。またブレーキホースやスライドピンブーツといったゴム類に過度な負担を掛けないように気を付けたい。

42

キャリパーの位置が決まったところで、スライドピンをセットする。ピンを差し込む時は、必ず穴位置が決まっている事を確認。ピンを無理に押し込む事で位置決めをすると、ピン表面を傷める原因に。

43

44 キャリバー周りの仮組みが完了。見た目に走れてしまうので最後の本締めは明日、というパターンは避けたいところ。各部に組み忘れがないかを点検しておこう。

45 固定用ボルトの本締めはブラケット側から。締め付けトルクは40Nm。決して安価ではないが、整備を楽しむならしっかりとしたトルクレンチは1本持っておきたい。

46 続いてスライドピン側の本締め。メーカー指定の締め付けトルクは27Nmだ。最初に外しておいたブレーキホースのブラケットも忘れずに固定しておくように。

47 最後に必ずレバーをポンピングしてパッドの遊びを取り、合わせてブレーキの利きを確認。忘れたまま走り出すと1回目のブレーキがまったく利かないので大変危険。

ディスクローターも使用を繰り返す事でその厚みが徐々に削られていく。新品時のローターの厚みは5mmで4.5mm以下になったら交換となる。アナログでも構わないのでノギスは正確なものを。

48

ブレーキホースもただ目視するだけではなく、少し余分に曲げてみたりすると、表面の亀裂が発見できる場合も。もちろんホースそのものを傷めるような負担の掛け方はNG。怪しいと思ったら早めに交換を。

49

50 最後の項目はブレーキフルードの交換。まずは塗装面をカバーするためウエスで周辺をカバー。漏れたフルードの対処は水が最適。バケツに水を汲んでおけば安心だ。

51 リザーバータンクのキャップを外す。ドライバーはプラスの2番。ここはスクリューを傷める筆頭ポイント。万一スクリューの頭を傷めた場合、初期段階なら頭部をハンマーで叩いて戻し再チャレンジ。

52 もっとも大抵の場合は上手くいかないので、さらに被害が深まる前にプロに相談を。下手に対処するための工具を買うと、かえって費用が掛かる羽目に。無事スクリューが緩んだらキャップを取り外す。

53 キャップの下には更に樹脂製のダイヤフラムプレートがセットされている。プレートを取り外す際は、フルードの飛び散りやしずくの落下がないように気を配ろう。

54 最後にゴム製のダイヤフラムを取り外す。直接フルードに触れ、さらには周辺部がタンクに固着している事も多いので、取り外しの際は細心の注意を払うように。

55 ダイヤフラムは水洗いをした後、しっかりと乾燥させる事。亀裂や折りたたまれている箇所がしっかり戻らない、さらに周辺部の変形があるようなら新品に交換だ。

56 ここからはフルード交換を解説。交換にあたりレバーを握った際、フルードがはねるのを防止するため、タンク内に金属板で蓋をしておくと安心。ウエスを使う場合はフルードの染み出しに注意しよう。

キャリパーのブリーダーボルトにホースとタンクを接続。ブレーキレバーを握ってはブリーダーボルトを瞬間的に開閉しレバーを離す。この作業をリザーバータンクに新しいフルードを注ぎながら繰り返す。

57

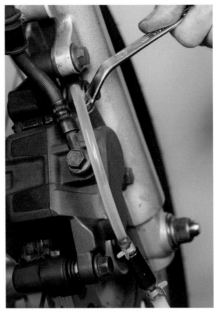

ホースにワンウェイバルブを設けると、ブリーダーボルトを開けた状態でフルードを送れるので作業がスムーズに。タンク内のフルードを切らさないように作業を進め、古いフルードを完全に排出する。

58

59 最後はエア抜き。交換時と同様にレバーを握りブリーダーボルトを開閉を、エアが出なくなるまで繰り返す。ブリーダーボルトに残ったフルードは除去しておくように。

フルード交換、エア抜きの作業中はフルードをタンク内から切らさないのがポイント。状況次第でエアが抜けにくくなる事もあるので、まずはエアをブレーキラインに混入させない事が大切なのだ。

60

61 ブレーキフルードはDOT4。SRのキャラクターを考慮すればグレードアップは特に不要。規定量までフルードを満たしたらリザーバータンクに蓋をして作業終了だ。

フルードは、車検あるいは20,000km毎の早い方で交換。作業終了後は周辺を水洗いしておく。フルードがこぼれた時は焦らず、まずは濡れたウエスで拭く事。パニックにならず落ち着いて対処しよう。

62

SR400 FIモデル メンテナンス マニュアル

フロントフォークオイルの交換

ダンピングの利かないフロントフォークでは正確なハンドリングは得られない。フォークオイルを交換する事でSRの真の走りを取り戻そう。

エンジンオイルやブレーキフルードはまめに変えても、意外に無頓着な人が多いのがフォークオイルの交換。ハンドリングが変だったり、ワインディングで今ひとつ攻めきれない、なんていう場合はタイヤと共にぜひ交換してみる事をおすすめする。手間はそれなりにかかるが、効果は歴然。SR本来の走りを実感したいなら、ぜひ一度チャレンジを。

主な使用工具
● 8mmレンチ
● 10mmレンチ
● 12mmレンチ
● 14mmレンチ
● 19mmレンチ
● 14mm ヘキサゴンレンチ
● 2番 プラスドライバー
● 油面調整ツール
●

01 フロント回りを支えるジャッキを用意。フロントホイールを浮かせた状態で安定を確保できるなら、高価なジャッキでなくても大丈夫。センタースタンドを外しているなら戻しておく方が安心で確実。

02 フロントフォークに付属するパーツはすべて取り外していく。まずはブレーキホースのブラケットから。序盤は取り外しに力の掛かる作業が続くので、この時点でジャッキアップはまだ必要ない。

続いてブレーキキャリパーをブラケットごと取り外す。取り外したキャリパーはブレーキの項同様、ホースに負担が掛からないようケアしておく。ただしホイールやフォークの取り外しを妨げないように。

03

04 フロントホイールのアクスルナットを緩める。レンチのサイズは19mm。反対側のシャフトエンドは、フォークエンドにクランプされた状態で固定されているので、ナットだけ緩めれば大丈夫だ。

05 アクスルシャフトを固定しているナットとワッシャー。ナットはロック機構付きだ。緩める時にハンドルが切れたりしないよう、しっかりと保持してから作業を行う事。

06 左側のフロントフォークエンドにはアクスルシャフトをクランプするナットが2ヵ所。レンチサイズはどちらも14mm。クランプは外さず緩めるだけで構わない。

07 ここでジャッキ等でフロントを持ち上げ、アクスルシャフトをフォークから引き抜く。シャフトエンドの穴にドライバー等のシャフトを差し込みシャフトを引き出していく。

08 引き抜く際はシャフトにかかる重さを低減するため、足の甲でホイールを支えるとスムーズ。シャフトが抜けたホイールの左側にはスピードメーターのギアが残る。

09 反対の右側にはホイールシールにカラーが差し込まれている。ホイールを外す時に落とさないよう気を付けたい。紛失を防ぐためにホイールからは外して保管しよう。

10 アクスルシャフトが抜けにくい時にプラスチックハンマーを用いる場合は、ナットを掛けそのナットを叩く事。そのまま叩くとシャフトのネジ山を破損しかねない。

11 そもそもアクスルシャフトが抜けにくい場合は、ホイールベアリングに問題がある可能性が高い。続いてメーターギアからケーブルを取り外す。レンチは14mmを使用。

12 フェンダーのガイドからケーブルを引き抜く。インナーケーブルはフリーの状態。抜け落ちるとメーターギアに差し戻すのが少々手間なので、落とさないように注意。

13 ここからはフロントフェンダーの取り外し。固定用のボルトは左右各2本ずつ。レンチのサイズは12mm。レンチを掛ける前に、ボルトの頭の汚れを落としておくように。

14 右側はブレーキホースの固定用ブラケットのステーが共締めされている。取り外す際に存在を忘れて落下させないように。固定しているボルトの長さは左右共通だ。

15 ボルトを取り外しフロントフェンダーを外す。スチールメッキのフェンダーは単体でもかなりの重量。ビジュアル的に重要なパーツだけに傷を付けないよう注意。

フロントホイール関連のパーツを取り去った状態。重量バランスも大きく変わるので、ジャッキの位置に問題がないかチェックしておこう。外したパーツやボルト類も分からなくなる前に分類しておく事。

16

17 アンダーブラケットの固定用スクリューを緩め、フォークブーツの上部を支えているステーを取り外す。構造は左右共通で使用するドライバーはプラスの2番。

18 次にアッパーブラケットのボルトを緩める。使用レンチのサイズは10mm。フォークは引き抜くだけなので、ボルトは取り外すのではなく緩めるだけで構わない。

19 続いてアンダーブラケットのボルトを緩める。アッパー側と異なりボルトは2本。レンチサイズは12mm。2本目のボルトを緩める前には必ずフォークを支えておく事。

2本目のボルトを緩めるとフォークがフリーの状態に。フォークトップがアッパーブラケットから外れたところで、トップキャップを緩めるため、一旦アンダーブラケットを用いてフォークを仮止めする。

20

21 フォークを仮止めしたらトップキャップのゴム製プロテクターを取り外す。シールリムーバーのような薄くて強度のある工具があると、傷を付けにくく作業もスムーズだ。

22 顔を出したフォークトップキャップ。巨大な六角穴には14mmというヘキサゴンレンチを使用。残念ながら車載工具に含まれていないので、単体での購入が必要となる。

トップキャップをレンチで緩める。フォークを途中まで下げて作業するのは、写真からも分かるように工具を入れるスペースを設けるため。トップキャップが緩んだら、フォークをブラケットから引き抜く。

23

フォーク単体にしてしまうと、インナーチューブをクランプできないためトップキャップが緩められない。必ずフォークを外す前にトップキャップを緩める事。フォーク単体で修理に持ち込む場合も同様だ。

24

残った反対側のフロントフォークも、同様の手順でトップキャップを緩めた後、ブラケットから引き抜く。作業手順は左右共通。フロント回りがさらに軽くなるので、車体のバランスには気を配っておくように。

25

フォーク単体になったところで、フォークブーツを外しておく。合わせて亀裂や破損がないかも点検しておこう。冬期の気温が低い時期はゴムが硬化するので、ブーツ本来の動き以外を強いる雑な作業は厳禁。

26

トップキャップを取り外す。この時点でトップキャップが緩まないようなら、再度アンダーブラケットでしっかり固定してから緩めるように。無理に回そうとしても、大抵は時間の無駄に終わるはずだ。

27

トップキャップにはフォークスプリングのテンションが掛かっているので、キャップが飛ばないよう最後は押さえ付けるようなイメージで緩める。スプリングとの間にあるワッシャーを失くさないように。

28

29 トップキャップをインナーチューブから外す。ワッシャーはどこかに組み込まれているという事はなく、単純にキャップとスプリングの間にはさまれているだけ。

30 インナーチューブの内側からフォークスプリングを引き抜く。もちろんこの時点でスプリングはオイルに浸かっている状態。取り出す際に落としたり余分なダストが付着しないように作業を進めよう。

31 左からトップキャップ、ワッシャー、スプリング。この順番でインナーチューブにセットされる。フォークスプリングはスプリングの巻が密な方が上になるので覚えておこう。

32 スプリングを取り出したら、フォークオイルをフォーク内部から排出。SRのフロントフォークは特に複雑な機構を採用していないので、作業もシンプルにフロントフォークを逆さまにしてオイルを抜くだけ。

33 逆さまにする事に加えインナーチューブを何度もストロークさせ、可能な限りフォークオイルを排出させる。ストロークさせる際にオイルが勢いよく吹き出す事があるので、床を汚さないように注意。

34 残ったもう1本のフォークも同様に分解を進める。構造も左右共通なので、分解の手順も同様。パーツ同士も共通なので混在させないように。パーツは元の場所に戻すのが、整備上の基本と考えたい。

35 フォークをストロークさせるのは、内部のオイルラインに残ったオイルをできる限り抜くため。洗油の類は内部に残り新しいフォークオイルと混じってしまうので、完全分解しない限り絶対使わないように。

36 何度もストロークさせてもう出ない、というレベルまでオイルを抜いたら、さらにフォークを逆さまにして2～3時間置いておく。時間が掛かるので、立て掛けたフォークが倒れない安全な場所で行うように。

古いオイルが抜けたら新しいフォークオイルを注入。SRは指定の油面が低いので全屈状態でオイルを入れてもあふれない。オイルの指定量は左右共204cc。オイルを泡立てないようゆっくり注ぐ。

37

オイルは全量を入れず、ある程度注いだらインナーチューブをストロークさせエア抜きを行う。この時、完全に上げきらない、下げきらないというのがポイント。全屈、全伸はかえってエアを噛みやすいのだ。

38

またインナーチューブの上面を手でカバーし、圧を掛けた状態でストロークさせるのもエア抜きには効果的。もっとも作業を雑に行えばかえってオイルを泡立てかねないので、丁寧かつ確実に進めていく事。

39

エア抜きの作業が一段落したら残りのオイルを注入。規定量は204ccだが実際には210cc程度注ぎ、油面に合わせて抜くというのが現実的。もちろんこの時点でも泡立てないよう、ゆっくりと注ぐ。

40

オイルを注入したところでフォークの内部を目視。オイルが泡立っていないか確認する。日当りのよい暖かいところに置いて、オイルを柔らかくするというのも、特に寒い時期のエア抜きには効果的だ。

41

最後にさらに徹底してエアを抜くため、オイルを注入したフォークを最低でも2時間、可能なら半日程放置しておく。オイルが入っているので、ダストの多い場所、倒れやすい不安定な所は避けるように。

42

ここからは油面の調整。油面とはフォーク全屈時のインナーチューブトップとフォークオイルレベルの距離。ここで必要になるのが油面調整ツール。まずはノズルを規定値の182mmにアジャストする。

43

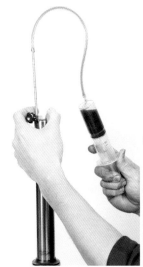

油面と同じ182mmに伸ばしたノズルをセットし、シリンジでフォークオイルを吸い上げる。指定量より気持ち多目に入れると前述したのはこのため。オイルは足すのではなく抜く方向で調整するように。

44

182mmという油面は左右のフォーク共通。油面のアジャストが決まったらインナーチューブを伸ばし、フォークスプリングをセットする。フォークオイルを泡立てないよう、作業はゆっくり丁寧に行うように。

45

スプリングは取り出した際に解説した通り、巻きのピッチが細かい方を上にしてセットする。一度作業を始めると手を離しにくいので、手元に必要なパーツと工具を用意してから作業を開始しよう。

46

トップキャップのOリングには引きつれ防止にグリス、あるいはフォークオイルを薄く塗布しておく。インナーチューブを完全に伸ばしてもワッシャーは収まらないので、落とさないよう慎重に組んでいこう。

47

ワッシャーとスプリングを押し込むようにトップキャップをセット。テンションが掛かった状態で締めていくので、斜めに締め込んだりしないように。この時点でキャップをしっかりと底付かせておこう。

48

フロントフォーク2本共に
トップキャップの仮締め
が済んだら、車体への組み
込み作業に入ろう。まずは
外しておいたフォークブー
ツをセット。フォークの左
右とブーツのステーの位
置関係を間違えないよう
に。

49

ブラケットにフォークを
セットするにあたり、邪魔
になりそうなケーブルがあ
れば位置を調整。フォーク
が差し込まれた時に、正確
な位置に収まるよう、正確
なケーブル類の取り回しを
確認しておこう。

50

アンダーブラケットの
フォーククランプ部はク
リーニング後、薄くグリス
を塗っておく。これはイン
ナーチューブが錆をもら
うのを防止するため。もち
ろん密着性も向上し、トル
ク管理もより正確に行える。

51

52 アッパーブラケットにもグリスを塗布。フォークを差し込む際、あまりスムーズに入らない場合はブラケットの歪みが原因の可能性も。過去に転倒等ある場合は要注意。

アンダーブラケットにフロ
ントフォークをセット。トッ
プキャップの本締めがあ
るので差し込むのは途中ま
で。フォークやブラケット
に負担を掛けないよう、こ
の状態でフォークから手
を離さないように。

53

アンダーブラケットで
フォークをいったん仮
止めする。トップキャップ
を締め込む際に正確な
トルク管理ができるよう、
キャップのボトムエンドよ
り上にアンダーブラケット
をセットしないように。

54

55 トップキャップを本締め。メーカー指定の締め付けトルクは23Nm。不安定な状態での締め付けなので、可能ならば誰かにハンドルを保持してもらうとより確実だろう。

トップキャップの本締め
が完了したら、アンダーブ
ラケットの固定を解除。フ
ロントフォークを規定の位
置へとセットし直す。ボル
トを締めていないと、意外
と簡単にフォークが抜け
落ちるので気を付けよう。

56

57 SRのフロントフォークの突き出し量は0mmが基準値。出っ張らないように揃えるのではなく、チューブトップの面取り部を除いたフラットな部分を0面と考える事。

58 フォークの突き出し量が決まったら、クランプボルトを締めてフォークを固定していく。アンダーブラケット側ボルトの締め付けトルクは17Nmというのが規定値。

59 アンダーブラケット側のクランプボルトは2本。どちらも締め付けトルクの規定値は共通。片側ずつ規定値に締めるのではなく2本を均等に締めていくのがポイント。

60 対するアッパーブラケットの固定ボルトは1本のみ。締め付けトルクの規定値は下側より気持ち弱めの16Nm。残ったもう1本のフォークも同様にセットしていく。

61 フロントフォークを固定したら、フォークブーツのステーをアンダーブラケットに固定。万一フォークブーツをセットし忘れていたら、残念ながら取り付け作業はやり直し。

62 最後にトップキャップにゴムプロテクターをセットすれば、フロントフォークの取り付け作業自体は完了。しかし、ここを基準にもうワンステップ上の調整を行いたい。

正確に組んだフォークでも実際にはバネ下の長さが左右で微妙に異なり、フォークがバランス良く動けない場合も。そこでアクスルシャフトのみフォークにクランプさせ、左右の位置が合っているかを確認。

63

64 高さが左右で異なるなら低い側の突き出し量を増やす方向で調整。突き出し量よりフォークの平行を優先する事。差があまりに極端ならブラケット側の歪みを点検。

フロント周りのグリスアップ

現状を把握するためにも、一度は分解整備したいステアリングヘッド。ただし時間がかかるので、スペースをしっかり確保してから取り組もう。

フォークオイルの交換と共に、ハンドリングを左右するのがステアリングヘッドのグリスアップ。グリス切れで動きが悪いまま走行すると、ベアリングやレースが傷み、ハンドルが途中で引っかかるような状態に。そうなるともはや、まともな走りは不可能。大掛かりな作業だけに時間は掛かるが、一度しっかり手を入れ、SRが本来持つ正しいハンドリングを体感してほしい。

主な使用工具
● 8mmレンチ
● 10mmレンチ
● 12mmレンチ
● 27mmレンチ
● 6mm ヘキサゴンレンチ
● 3番 プラスドライバー
● ステムナットレンチ
● トルクレンチ
●

01 ここからのメンテナンスの主眼は、ステムベアリングのグリスアップ。しかしアクセスするためには、フロント回りをほぼバラバラにする必要が。工程は多いがじっくり作業を進めていくとしよう。

02 まずはハンドル周りの部品を取り外していく。ケーブル関連のメンテナンスの項を参考に、各ケーブルをレバーから外していく。写真は左レバーホルダーに接続されたクラッチスイッチのカプラー。

03 カプラーはレバーホルダーに差し込んであるだけ。取り外しは細いドライバー等で、カプラーに設けられた脱落防止用の爪を下側の穴から押しつつ引き抜く。爪を忘れて無理に引き抜かないように。

04 各パーツを取り外したハンドル左側。今回はアマチュアの手による作業性や傷付け防止、分かりやすさの観点からハンドルバーを取り外す手順を採用。それに伴いハーネスやケーブル類を外していく。

05 同様にマスターシリンダーをハンドルバーから取り外す。外したマスターシリンダーはエア噛み等の無用のトラブルを防ぐために、ぶら下げた状態で放置しないように。

06 ハンドルバーが独立したところで、クランプを緩め取り外し作業に入る。クランプの固定ボルトトップには、錆止めを兼ねた樹脂製カバーが装着されているので、表面を傷付けないよう丁寧に取り外す。

07 クランプ固定ボルトは4本。ボルトはキャップボルトで、使用するレンチは6mmのヘキサゴン。水分が入りやすく固着している場合も多いので、緩める際は確実に。

08 ハンドルバーを取り外す。レバー関連は残ったままで構わない。スペースが確保できるなら、実はハンドルはそのままアッパーブラケットごと上から吊るしてしまえば、分解の手間は大きく減らせる。

09 しかしサンデーメカニックに、その設備や不安定な車体を確実に支える場所の確保はハードルが高いのが現実。ここは確実にひとつずつステップを踏んでいこう。

10 いざという時バイクを支える事が難しいので、安定した作業場所の確保は重要な要素の1つ。長時間この状態なので作業開始のタイミングも考慮しておきたい。

11 ここからはアッパーブラケットをフリーにさせるため、ライトやメーターを取り外していく。まず最初にヘッドライトレンズを取り外す。手順はバルブ交換を参考に。

12 ライトシェルからハーネスを取り出すため、接続してあるカプラーをすべて取り外す。いうまでもないが、まず最初にバッテリーのカプラーを外しておく事を忘れずに。

13 ライトシェル内のカプラーは色分けされている事に加え、収まるところにしか収まらない構造。もちろん差し込む相手をテープ等でマーキングしておけばより確実だ。

14 カプラーを外したシェルケース内。支持用クリップからも外しハーネスを整理すると、ライトシェルを支える左右のステーを固定している袋ナットが見えてくる。

15 ステーのナットを外す前に、シェル後方にある光軸調整用スクリューを外す。ドライバーはプラスの3番。サイズの合わないドライバーでスクリューを傷めないように。

16 シェルをヘッドライトステーから取り外す。固定はボルト&ナットで、使用するレンチはどちらも12mm。ナット側の部品を落下させないように注意しつつ作業していこう。

17 シェルケース内側には袋ナットの奥に樹脂製の白いカラー、金属製のワッシャーがセットされている。ライトシェルの固定に不可欠なパーツなので紛失しない事。

18 ライトシェルの固定ボルト類を外したら、シェル内部からハーネスを引き抜きつつシェルを外す。この時どの穴にどのハーネスが通っていたかを必ず記録しておく事。

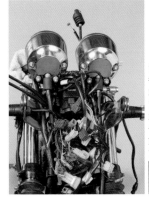

ライトシェルを外した状態。各ハーネス類は通してあったシェルの穴ごとに、テープ等でまとめておくとよいだろう。ここまで来てようやくメーターやホーンを支えるメインブラケットにアクセスが可能になる。

19

20 ステーごとメーターを取り外すので各メーターに接続されているケーブルを取り外す。ケーブルの項でも解説したが、取り外し後はインナーを脱落させないように注意。

21 次に、アンダーブラケットに固定されているブレーキホース用のクランプをフェンダー側のクランプ同様取り外す。使用するレンチは8mm。これでマスターシリンダーからキャリパーまでがフリーの状態に。

22 独立したフロントブレーキラインを取り出しておく。最終的なエア抜きはマストだが、エアを噛まないよう可能な限り車体に組んだ状態に近い状態で保管しておこう。

23 次に、ホーンに接続されているケーブルを抜いておく。これでメインブラケットの取り外しに関する準備が完了。ようやく取り外し作業そのものに入る事ができる。

24 ホーン裏側にあるブラケット下端の固定用ボルト2本を取り外す。使用するレンチサイズは10mm。スペースが少ないので、いわゆる板ラチェットレンチがあると便利。

25 メインブラケットに固定されているヘッドライトステーを取り外す。ボルトはステー片側につき2本。レンチサイズは10mm。ライトステーと共にウインカーも外れるので、しっかり支えて作業するように。

26 反対側のライトステーも同様に、ボルトを緩め取り外す。ライトシェルを固定していたボルトが残ったままなら、紛失しないよう外側のカラーと共に外しておく事。

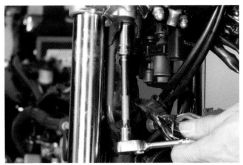

27 最後に、メーターステーの固定も兼ねた上部2ヵ所のナットを緩め取り外す。レンチのサイズはここも10mm。下から外すナットなので外した際に落とさないよう注意。

28 ようやくフリーの状態になったブラケットを取り外す。念の為、ケーブルやハーネス類の位置関係を写真に撮っておくと安心。断線の原因になるので、ハーネスに負担を掛けない処理を心掛けたい。

取り外したメインブラケット。ヘッドライトやウインカー、ホーンすべてがここに取り付けられる。鉄製で丈夫、かつ重さも十分。ここではブラケットに手を加える事はないので、ホーンはそのままでよい。

29

アッパーブラケットに、メインブラケット上部とボルトで共締めされていたメーターをステーごと取り外す。取付部のゴムダンパーは構造上ブラケット側に残るが、硬化が酷い場合は外れ落ちる事も。

30

31 メーターはデリケートなパーツなので取り外し後の扱いは細心の注意を払うように。落下などの衝撃で内部を傷めると正確な情報を表示できなくなる恐れもあるのだ。

32 ここからはステムベアリングにアクセスするための作業に移ろう。まずはアッパーブラケット中央にあるトップステムナットを緩める。使用するレンチのサイズは27mm。

33 車載工具にある27mmのレンチは、トルクを掛けるには役不足。長めのコンビネーションレンチ、あるいは写真のようなソケットとブレーカーバーの組み合わせが最適。

34 取り外したトップステムナットとワッシャー。ここを外してもアッパーブラケットのクランプと下部のステムナットで支えられているので、フォークが脱落する事はない。

フォークオイル交換の項で解説した手順で、フェンダーをはじめフロント回りのパーツを外していく。手間が掛かる作業なので、フォークオイル交換と同時に行うのが、効率という面からは理想的といえる。

35

とはいえ全部一度にとなるとかなりの時間が必要。分解したまま放置できる環境がない限り、アマチュアにはかなりハードルの高い作業といえるだろう。初めて取り組むならスケジュール管理も肝心。

36

フロントフォークを抜いたらアッパーブラケットを取り外す。ステムシャフトとのクリアランスはかなりタイトなので、固着して抜けにくい場合も。力技で外すとシャフトを傷めるので作業は丁寧に行うように。

37

アッパーブラケットを外すと顔を出すのが、上下2段にセットされたステムナット。そのステムナットに被せてあるのが、回り止めのロックワッシャー。特に固定されていないので、そのまま取り出しておく。

38

アッパーステムナットを緩める。大トルクで締められるトップナットと異なり、ステムナットは比較的あっさり緩むはず。ステムナットレンチはサイズの合ったものを。

39

緩んだステムナットは手の力で簡単に回せるはず。アッパーナットの下にはゴム製のワッシャーがセットされているので、ナットを外した際に失くさないように。

40

ロアステムナットを緩める。このロア側のナットを外すとステムシャフトとアンダーブラケットはフリーの状態になるので、下から支えながらロアナットを外すように。

41

写真のようにアンダーブラケットを支えながら、ロアステムナットを緩めていく。かろうじてブラケットが支えているハーネス類のその後のケアも忘れないように。

42

ベアリングのグリスが利いているなら、ナットを外してもそうあっさりとステムシャフトは抜けてこないはず。ベアリングの上には全体を覆うようにダストカバーがセットされているので、ここで取り外しておく。

43

アンダーブラケットと共にステムシャフトをステアリングヘッドから抜き出す。ベアリングは上側がヘッドパイプに残り、下側はステムシャフトにセットされた状態でアンダーブラケットと共に取り出される。

44

45 上部ベアリングは2ピースに分割。グリスが硬化気味でレース側にも打痕が見られる。今回は整備の解説をするため再利用したが、実際に写真の状態なら交換したい。

46 下側のベアリングをステムシャフトから取り出す。レースがシャフトに圧入されているので、取り外せるのはリテーナーと一体式のボールベアリングのみ。こちらのコンディションは比較的良好なレベル。

47 ヘッドパイプ上部に圧入されているレースをクリーニング。見た目に問題ないようでも指で表面に触れると、ボールによる打痕や段付きなどを発見できる事も。

48 ヘッドパイプ下側のレースもパーツクリーナーで洗浄。位置的にチェックしにくいが、せっかくここまで分解したのだからしっかりコンディションを把握しておきたい。

49 外したベアリングから余分なグリスを拭き取る。リテーナー一体式のボールベアリングは、転がり抵抗が少なく整備性も向上。テーパーローラー式に変わり現在の主流。

50 ある程度グリスを拭き取ったら、パーツクリーナーでベアリング全体を洗浄。ボール表面だけでなくボールとリテーナーの間まで、古いグリスをクリーニングしていく。

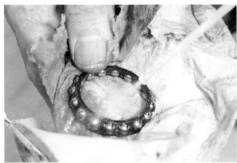

51 激安速乾パーツクリーナーはウエスで拭く間もなく乾いてしまい、かえってコスト高に。中乾タイプで洗浄力の確かなものを適量使うのがバランスのよい選択といえる。

52 ステムシャフト側のレースもウエスとパーツクリーナーでクリーニング。もちろんレース表面のコンディションも点検しておくように。同時にシャフト全体も掃除しておこう。

53 クリーニングしたベアリングにグリスを塗り込む。グリスはコストより性能を重視し、耐水性に優れボールに掛かるストレスを考慮し極圧性に優れたものを使用したい。

54 入手しやすくポピュラーなモリブデングリスは粘度がやや緩くライフが短め。グリスは表面に塗るのではなく、ボールとリテーナーの隙間に押し込むように塗っていく。

55 インナーレース側にもグリスを塗布しておく。ベアリングをセットした際に、ボールとレースの隙間を埋めるイメージで、グリスを気持ち盛り気味で塗っておこう。

56 同様にヘッドパイプ下側のアウターレースにもグリスを塗布しておく。下側からの作業になるので、感覚に頼らず目でよく確認しながらレース全体に塗るように。

57 先程グリスを塗ったベアリングをステムシャフトにセット。ベアリングを回転させ、レースとの隙間にグリスを馴染ませていく。グリス切れの箇所を残さないように。

58 ヘッドパイプ上部のアウターレースもグリスアップ。グリスを塗るのはレースとベアリングの当たり面。ヘッドパイプの中やレースの外側に無駄にグリスをこぼさない事。

59 上側のベアリングにもリテーナーとの隙間にグリスをたっぷりと塗り込んでおく。余分なダストを付着させないよう、グリスアップは組み上げる直近に行うとよい。

60 ヘッドパイプにベアリングをセット。ベアリングとレースの隙間にグリスを馴染ませる。はみ出たグリスはヘッドパイプに落下しないよう丁寧に拭き取っておくように。

61 さらにグリスを塗布したインナーレースをベアリング上部にセット。当たり面にグリス切れの箇所を残さないように。周辺部にはみ出たグリスもクリーニングしておく。

62 ダストカバーの内側もグリスアップ。防水効果を高めるためなので、ここは一連のベアリングとは異なり薄く均一に塗るように。事前のクリーニングも忘れない事。

63 グリスアップしたダストカバーをヘッドパイプにセットする。カバー上部、つまり表側にグリスが付着しているようなら、この時点で無駄な油分を落としておくように。

ステムシャフトをヘッドパイプに差し込み、ロアステムナットでアンダーブラケットを仮止め。ステムナットは上下共通だが、元の位置に元の向きで装着するのが基本。まずは手締めで可能なところまで。

64

ロアステムナットを固定。締め付けトルクの規定値は38Nmで締めた後、一旦緩めてから18Nm。ただしベアリングを新品に交換した場合は、一度50Nmのトルクを掛けてから規定値でナットを締め直す。

65

66 アッパーステムナットを締める。間に入るゴムワッシャーが歪むようなら締めすぎ。メーカーでの締付けトルクの指定はなく溝の位置が合う範囲で締め込んでおく。

67 上下ステムナットにロックワッシャーを装着。溝の位置が合わないとセット出来ないので、実際には締め付け具合とすり合わせつつ上下ステムナットの位置を決めよう。

ステムナット周りを収めたら、アッパーブラケットを装着。トップナットもセットするが、上下クランプの位置はフロントフォークが入らないと決まらないので、ここではまだ仮締め。ワッシャーも忘れずに。

68

アッパーブラケットをセットしたら、メーターやメインブラケットをセットしていく。ブラケットの内側にハーネスを通すのを忘れずに。メーターケーブルはブラケットの外側でライトステーの内側を通る。

69

メインブラケット固定用ボルトの締め付けトルクは10Nm。クラッチケーブルはスピードメーター下からイグニッションスイッチの左側を通す。デコンプケーブルは同じく左側からヘッドパイプの右へ。

70

71 ヘッドライトステーやウインカーを装着。続いてライトシェルの中にハーネスを通していく。シェルの穴に付属するハーネス保護用ゴムが外れやすいので注意しよう。

ライトシェルを固定するのは、ハンドルを装着し、ブレーキラインをウインカーステーとシェルの間に通してから。合わせてオイルラインブラケットの固定やホーン用配線の接続も忘れないように。

72

73 ハンドルを切った時にエンストするなら、デコンプの動きを目視で確認。デコンプケーブルはヘッドパイプ左からクラッチワイヤーの前を通りワイヤーハーネス内側へ。

74 タコメーターケーブルは光軸調整用マウントの内側を通す。スロットルケーブルはブレーキホースをまたぎ、タコメーターケーブルの内側を通ってヘッドパイプ左側へ。

75 さらにフレームに沿うようにクラッチケーブルの内側を通してスロットルボディへ。クラッチケーブルはメインブラケットの穴経由でアンダーブラケットの後方を下へ。

76 左側のスイッチボックスからのケーブルはメーターステーの外からライトステーの内側を通ってシェルケースへ。左スイッチボックスのハーネスはケース左の穴に。

77 配線は、苦手な人ならマニュアルを見ても分かりにくいはず。不安なら外す前にカプラー同士と、どのシェル穴を通すかをマーキング。レンズの装着も最後にすれば安心だ。

78 フォークとフェンダーを装着。アンダーブラケットの締め付けトルクは17Nm。アッパー側はこの時点では仮止め。鉄のフェンダーはフロント回りの剛性確保にも貢献する。

79 ホイールも装着前にクリーニングとコンディションをチェック。まずはハブのアクスルシャフト部に設けられたシール付近に残る、汚れた古いグリスを拭き取っておく。

80 シール奥のホイールベアリングの状態を、直接指で回し動きを確認。内側からベアリングを回した際、スムーズに回らずゴリゴリとした感触があればベアリングの寿命。

81 反対側のベアリングも同様に点検。ベアリング交換はブーラー等の特殊工具も必要。またハブに打ち込む技術も必要なので、動きが悪い場合はまずプロに相談を。

82 メーターギアは内側をクリーニング後グリスアップ。グリスはあまり塗りすぎないように。装着の際はメーターギアの切り欠きとハブ側の突起を合わせるようにセット。

83 左側のフロントフォークエンドはクランプ部をクリーニングし、ナットで仮組みしておく。クランプの上部に設けられた突起はメーターギアが動くのを防ぐストッパーだ。

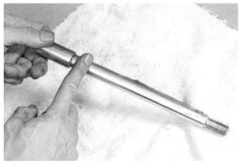

84 アクスルシャフトをクリーニングしグリスを薄く塗布。アクスルシャフトの振れの限界値は0.25mm。ホイールの装着時に違和感があれば疑ってみる価値はあるだろう。

85 ホイールにカラーとメーターギアをセット。アクスルシャフトを差し込みフロントホイールを装着する。せっかく塗ったグリスに余計なダストを付けないように注意。

86 アクスルシャフトの先端にナットを装着。シャフトはホイールやフォーククランプの中を通ってくるので、ネジ山の余分なグリスやダストをクリーニングしておく。

87 クランプ側はアクスルシャフトのスラスト方向の動きを制限しない、かつガタの出ないレベルで仮組み。次に先端のナットを締めてシャフトを引き込んでいく。

88 シャフト後端の軸が太くなっている部分が座付いたら、シャフト先端のナットで固定する。レンチのサイズは19mm。締め付けトルクは105Nmがメーカー規定値だ。

89 左フォークエンドのクランプを固定する。指定のトルク値は9Nm。ナットを締めるのは前側から行うように。アクスルシャフト周りからはみ出たグリスは除去しておく。

90 ホイールをセットしたらキャリパーを装着。取り外し後にブレーキレバーを握ってしまい、2枚のパッドのクリアランスが狭くなっているようなら事前に広げておこう。

91 パッドを開く専用の工具もあるが、適切なサイズの木の板2枚と大きめのマイナスドライバー等でも代用は十分可能。キャリパー固定ボルトの締め付けトルクは40Nm。

92 ブレーキホースのクランプを固定。ここに限らずかなりのパーツを外しているので、忘れているパーツや残した作業がないかを確認しながら組み立てを進めていこう。

93 仮組みしておいたハンドルバーを固定する。ハンドルの固定はクランプ前側を先に、後ろ側を後にボルトを締めていくのが基本。締め付けトルクは23Nmが規定値だ。

94 ブレーキはレバーの角度を合わせると共にパッドの遊びを取っておくのを忘れずに。スロットルケーブルやハーネス類の取り回しにも無理がないか合わせて確認。

95 クラッチ側も同様に、角度調整と共に各ケーブル類を確認しておく。アジャスターを触っていないのに遊び量が大幅に変わっているなら、取り回しを再度点検してみよう。

96 仮止めだったトップステムナットを固定する。締め付けトルクは110Nm。トップステムナット固定後アッパーブラケットのクランプを本締め。締め付けトルクは16Nm。

97 各ケーブル類の動きを確認。加えて電装系のチェックが済んだら余裕のある部分を引っ掛けたりしないよう、タイラップ等でまとめておく。バックミラーも忘れずに装着。

フロントを浮かし、ハンドルを切る際に動きに渋さがないか、逆にブレーキを掛けた際のガタがないかを点検。トップステムナットの調整は簡単だが、2枚のステムナット側は分解が必要なので作業は確実に。

98

SR400 FIモデル メンテナンス マニュアル

スイングアーム周りのメンテナンス

リアセクションはSRのウイークポイントが集中。元凶のスイングアーム
ピボットをはじめ、分解時でないと不可能なメンテナンスを紹介しよう。

ここからはリアセクションのメンテナンスに移る。実は、スイングアームピボットはSRにとってのウイークポイントのひとつ。錆や歪みが原因で、最悪はスイングアームごと切断しないと取り外せな

い事態も。そうならないために、状態の良いうちに正しいメンテナンスを行いたい。その他、リアセクションを分解したときにこそ手入れしておきたい箇所を、合わせて解説していく。

主な使用工具
8mmレンチ
10mmレンチ
12mmレンチ
14mmレンチ
17mmレンチ
17mmオープンレンチ
22mmレンチ
プラスチックハンマー
トルクレンチ

01 スイングアームピボットへのアクセスはマフラーの取り外しから。まず最初に車体下部に設けられているマフラーのチャンバー部を固定しているボルトを取り外す。使用するレンチのサイズは12mm。

02 クリアランスが少ない場所なので、工具は写真のようなエクステンションバーとラチェットレンチの組み合わせが便利。ボルトの奥にはワッシャーやカラーがあるので忘れずに取り外しておくように。

03 続いてエキゾーストパイプとサイレンサーのつなぎ目にある固定バンドのボルトを緩める。レンチサイズは12mm。サイレンサーが抜ける程度に緩めておけばよい。

04 サイレンサーを固定しているブラケットのボルトを緩める。レンチサイズは17mm。こちらもボルトの周りに邪魔なものが多いので、ベーシックなコンビネーションレンチよりラチェットやT字レンチを使うと作業しやすいだろう。

ブラケットとフレームの間にはワッシャーがセットされているので、取り外しの際に失くさないように。落としたワッシャーは意外に見つけづらいので、屋外で作業する際は下に布やシートを敷いておくと安心。

05 ボルトを緩める際は必ずサイレンサーを保持しておく事。支えないままでボルトを緩めると、抜けた瞬間にサイレンサーが落下、さらにエキパイやバンドにも負担が。

06

07 サイレンサーは意外に重量があるので、落として傷を付けないように。やはり下に布等を敷いておくと確実だ。接続部のガスケットのコンディションも確認しておこう。

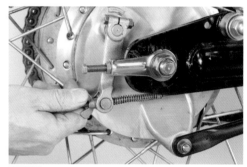

08 無事サイレンサーを外したら、続いてリアホイールの取り外しに作業を移していこう。まずはリアブレーキロッドから調整用のウイングナットを緩め取り外す。

09 ブレーキパネルにセットされているトルクロッドのナットを緩める。使用レンチサイズは12mm。場所的に砂等が堆積しやすいのでレンチを掛ける前にクリーニングを。

10 トルクロッドの固定はボルトとワッシャー、ナットの3点。古いモデルでは回り止めのピンを用いていたが、現在ではセルフロックナットを用いる事でピンは使用しない。

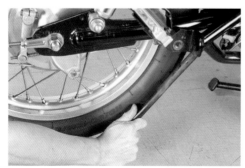

11 トルクロッドの後端を外したら、作業の邪魔にならないよう、下側に押し下げておこう。いうまでもないが作業はホイールを浮かせられるよう、センタースタンドを使用。

12 リアホイールのアクスルシャフトを緩める。写真手前側のアクスルナットは22mm。トルクの掛かっている箇所なので、ナットが緩んだ際に勢いで怪我しないように。

13 チェーン側はシャフトトップの空いた穴にドライバーを差し込み回り止めに。穴のサイズが合えば道具は何でも構わないが、持ちやすさを考えるとドライバーが無難。

14 アクスルシャフトから外したナットとワッシャー。ナットはセルフロックタイプが採用されている。装着時にネジ山を傷めないようしっかりとクリーニングしておこう。

15 ナットを外したアクスルシャフトをホイールから引き抜く。写真の様にホイール下に足を入れ、甲の部分でホイールを支えるとシャフトをスムーズに抜く事ができる。

16 ドライバーでシャフトを少し回しつつ引き抜いていく。ホイールを支えないと重量すべてがシャフトに掛かり、引きにくいだけでなくシャフト自体やベアリングに負担が。

17 シャフトが固着して動かず、プラスチックハンマーを使う場合は、シャフトの頭にナットをセットしてから叩く事。とはいえ基本的に力技は最後の手段と考えたい。

18 シャフトが抜けにくい原因の1つがチェーンアジャスター。プレートの内側がシャフトに引っ張られめくれてしまう事が少なくないのだ。特にチェーン側は要注意。

19 無事シャフトを抜いたらホイールを下ろして、ドライブチェーンをスプロケットから取り外す。ホイールの重さに加えクリアランスも少ないので指をはさまないように。

20 外したチェーンはスイングアームに掛けておく。油汚れや傷防止のためにウエスをはさんでおこう。地面に接するようならダストを付けないようウエス等でカバーする。

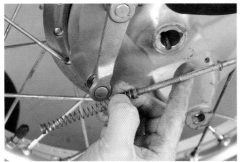

21 ブレーキパネルのカムレバーに接続してあるブレーキロッドを取り外す。ロッドが差し込まれていたピンやスプリングを失くさないよう、取り外し後の保管は確実に。

22 ロッドを外すとホイールが完全にフリーになるので、スイングアームの間からホイールを取り出す。スプロケットでチェーンカバー等、他のパーツを傷付けないように。

ブレーキパネルを取り外す。本来カバーされている箇所なので、無用な汚れは厳禁。再度組むまでの保管は、水分やダストからの保護、さらにはブレーキシューに油分を付着させないよう気を付けたい。

23

24 スイングアームから外したリアホイール。外してみるとスプロケットやタイヤも含め意外に重量がある事が分かるだろう。作業の際はこの重さも意識しておくように。

25 スイングアーム本体の分解に入る前に、もう1つ分解しておきたいのがチェーンカバー。そのままでもスイングアームは外せるが、傷防止のため事前に取り外しておく。

26 まずはスイングアーム後方、チェーンケース後部のステーのボルトを緩める。使用するレンチは10mm。スイングアームに掛けてあるチェーンを落とさないように。

27 次にチェーンケース前部の固定ボルトを緩め取り外す。ボルトはスイングアームピボット近くの上側。ホイールを外していればアクセスは容易だがクリアランスは少なめ。

28 使用レンチのサイズは10mm。作業スペースが狭いので、コンパクトなラチェット付スパナが便利。ボルトを外したらチェーンカバーをスイングアームから取り外す。

29 せっかく傷を付けないよう事前にチェーンカバーを外すのだから、取り外しの際にダメージを与えないよう作業は丁寧に。保管の際も倒したり踏んだりしない場所で。

30 チェーンカバー前部の取り付けにはボルトと共にゴムブッシュとカラー、さらにワッシャーが含まれる。狭い場所なので取り外しの際に落とさないよう気を付けて。

31 続いてはタンデムステップの取り外し。まずはリアショックユニットを外す際にクリアランス確保が必要な右側から作業開始。右側のステーはフレーム直付の固定式。

32 取り外すのは固定式ステー先端にあるステップブラケット。レンチサイズは17mm。レンチが入るクリアランスが無いので片口のオープンスパナを使わざるをえない。

33 ナットはワッシャーを用いないフランジナット。トルクが必要ながらオープンスパナしか使えないので、一定のクオリティとある程度長さがあるレンチがあると安心。

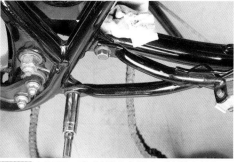

34 左はステーごと取り外す。使用レンチはどちらも14mm。マニュアル的にはそのままでもスイングアームは外せるが、スペースの確保と傷付き防止を兼ね取り外してしまう。

リアショックユニットを外すためグラブレールを取り外す。ここも外さずに作業可能だが、途中の煩わしさを軽減するために外してしまう方が確実。まずウインカー横のボルトから。レンチサイズは12mm。

35

36 反対側も同様にボルトを取り外す。グラブレールの表面をスムーズにするためボルトを裏側に隠す作りはSRならでは。ボルトを緩めた後はレールに力を掛けないように。

次にリアショックユニットと共締めとなっているグラブレール前部のナットを緩める。レンチのサイズは17mm。レールエンドはオープン構造だが、リアショックユニットも外すのでナットは外してしまおう。

37

グラブレールを車体から取り外す。ボルトとナットでしっかり固定されていたためレールは少々窮屈気味。ステー前部を広げつつ引き抜けばスムーズに外れるだろう。

38

リアショックユニットはスイングアームを支えているので、取り外し自体は後ほど。ただし、外した袋ナットの内側に残っているワッシャーは、この時点で外しておこう。

39

リアショックユニット下端を固定しているナットを緩める。レンチサイズは17mm。スイングアーム支持のため、こちらもナットは取り外さずに緩めたところで一旦停止。

40

ここからは最終目標であるスイングアームの取り外し作業に入る。まずピボットシャフトに設けられたグリスニップル用カバーボルトを取り外す。レンチサイズは8mmだ。

41

両側のニップル用ボルトを外したら、スイングアームピボットシャフトを固定しているナットを緩める。レンチのサイズは22mm。105Nmというハイトルクで固定されているので、長いブレーカーバーは必須。

42

ナットはセルフロックタイプ。インパクトレンチではフリクションリング部を破損しかねないので使わないように。やはり長めのブレーカーバーを使うのが確実。

43

ナットが緩んだらピボットシャフトを引き抜く。状態が良ければ手で動かせるが、だめな場合はプラスチックハンマーで軽く叩いてみる。あくまでも軽くというのが肝心。

44

45 シャフトが抜ける状態かを確認したら一旦作業を停止。簡単に抜けない場合は無理に叩いて抜こうとしない事。シャフトの変形で抜けない事も少なく無いのだ。

ここで片側のショックユニットを取り外す。シャフトが固着ではなく、曲がりが酷くて抜けない場合は、潤滑剤云々でどうこうなるレベルではないので、無理な作業は禁物。最悪スイングアームごと切断しないと外れない場合も。

46

続いてスイングアームを支えつつピボットシャフトを引き抜く。最後に残ったリアショックを外せば、スイングアームはフリーに。取り外したパーツを置いておく布等は、あらかじめ手元に用意しておく事。

47

48 スイングアームを取り外す。左側のタンデムステップステーを外しておけばスペースが広くなるので、作業がスムーズに可能。もちろん作業自体も丁寧に行うように。

49 取り外したスイングアームのピボット部。グリスに付着したダストが堆積して、かなり汚れている事が見て取れる。左側にはシャフトと同軸のチェーンスライダーを装備。

50 チェーンスライダーはピボットシャフト左側の外縁部にセットされている。マテリアルはナイロンで取り付け時に分かるが本来は白色。削れ方が酷いようなら新品に交換。

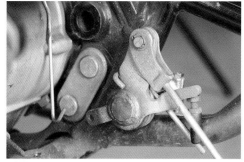

51 スイングアームを外さないと整備できないのが、リアブレーキペダルのピボット部。手入れしにくい上にトラブルが発生すると対処が面倒な、SRのアキレス腱のひとつ。

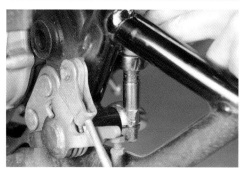

52 まずはブレーキスイッチからのロッドを取り外す。もっともロッドをフリーにした時点で外れている場合も多いはずだ。続いてペダルを固定しているボルトを緩める。

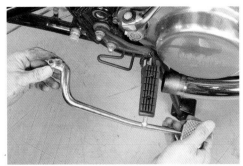

53 ボルトのレンチのサイズは10mm。ボルトがストッパーを兼ねているので完全に取り外す。ペダルを外す際は無理にこじらず、潤滑剤等を用いてスムーズな取り外しを。

54 ピボットシャフトをフレームから取り外す。スムーズに外れない場合のハンマリングも力任せには行わず、潤滑剤を併用する事で無用なストレスを与えないように。

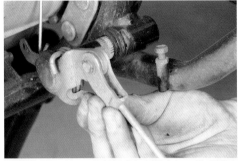

55 ピボットシャフトを引き出す。内側に向かって抜く構造なのでスイングアームがあると外す事が不可能。それだけにメンテナンスがしにくくトラブルが発生しやすい。

56 ブレーキペダルを固定しているセレーション部の内側、シャフトの表面が真っ赤に錆びている事が分かる。位置的にも構造的にも水分が侵入しやすいのが問題だろう。

57 シャフトだけではなく、ピボットの内側も錆だらけに。この錆がさらに酷くなるとピボット側が削れ、シャフトの穴が楕円に変形するトラブルへと悪化してしまう。

58 問題はピボット部がフレームに直付けという点。傷んだからといって単純に交換という訳にいかないのだ。正確な位置決めも必要となるので、溶接も高い技術が必要。

59 そうならないためにもしっかりとしたメンテナンスが必要。まずはピボット部を徹底的にクリーニング。ただし錆落としを徹底しすぎて穴の形状を変形させないように。

60 ピボットシャフトもクリーニング。こちらも錆取りを追い込み過ぎて変形させない事。真鍮ブラシの使用を限度と捉え、改善できなければ新品交換が確実だろう。

61 シャフトと共にピボットユニット全体をクリーニング。こちらもスプリングを含めてクリーニングは真鍮ブラシまで。腐食が酷いようならやはり交換してしまう方が確実。

62 クリーニングしたピボット部をグリスアップ。グリスは耐水性の極圧グリスを使用する事。スプレー式の潤滑剤程度では、あっというまに油分が抜け落ち錆の巣窟に。

63 ピボットシャフトにも耐水性極圧グリスを塗布。軸受側にも十分グリスは塗ってあるので、無駄に多く塗る必要はない。とはいえ塗り残した箇所を作らないよう注意。

64 フレーム側のピボットにシャフトを差し込む。位置的に水分が入りやすくシールも設けられていないので、隙間をグリスで満たす事で水分を遮断する事が肝心。

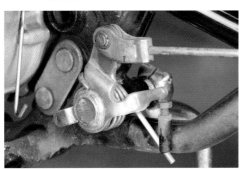

65 ピボットユニットの取り付けは、単に差し込むだけではスプリングのテンションでストッパーが正しい位置に収まらない。まずはスプリングの端部をストッパーにセット。

66 ピボットシャフトにペダルを仮組み。ペダルをテコ代わりにシャフトを回し、ストッパーがアジャストボルトの頭を越えたらプラハンでシャフトを叩き正しい位置に収める。

スプリングとペダルのストッパーが正しい位置に収まった事を確認。続いてストッパーの反対側に設けられた小さな穴に、ブレーキスイッチのロッドを引っ掛ける。フックはしっかり奥まで差すように。

67

68 改めてブレーキペダルを装着。ピボットシャフトとペダルのマークを合わせ、ボルトで固定し作業完了。ボルトは必ずシャフト側の溝に位置を合わせてから締めるように。

スイングアームの装着に入る前に、せっかくなので普段手を入れにくい位置のクランクケースやフレームをクリーニングしておこう。堆積したダストを落とすだけでも、見た目の印象が大きく変わるはず。

69

真っ黒だったチェーンスライダーも、パーツクリーナーで洗浄すると、本来の白い表面が現れる。堆積したダストに隠れた割れ、極端な削れがないかを点検。また組立時の付け忘れもありがちなので注意。

70

スイングアームもフレームに組み込む前にクリーニング。チェーンから飛ぶグリス、タイヤが巻き上げる小石やダスト等、汚れる要素の多いパーツだけにクリーニングは時間があれば気の済むまで行おう。

71

車体に付いた状態ではなかなか掃除しにくいだけに、特にピボット周りは入念に。ただ掃除しただけでは、走ればすぐ汚れてしまうので、この際ケミカル類を用いてワックスアップするのもよいだろう。

72

73 クリーニングが済んだらピボット周りの点検。まずは一番外側のカバーを取り外す。スイングアームのクリーニングはこの作業中にダストを呼び込まないという面も。

74 その奥にセットされているスラストベアリングも取り外す。ベアリングの摺動面にセットされているシート状のシムも、グリスで張り付いているので外すのを忘れずに。

75 外したカバーやスラストベアリングをクリーニングしておく。グリスを落としたら摺動面の荒れや外周部の変形がないかを確認。傷みや変形が酷いならもちろん交換。

76 ピボットシャフトのカラーをスイングアームから引き抜く。抜き出したカラーはもちろんクリーニング。各部に残った古いグリスを外側、内側共にしっかり除去する。

77 カラーの表面に段が付いているようなら新品に交換。カラーのコンディションが酷いなら、おそらくピボットシャフト周り全体のコンディションも決して良くないはず。

78 シールを取り外し、ベアリングとその内部をクリーニング。ベアリングは徹底的に古いグリスをパーツクリーナーで洗い落とし、ドライの状態で動きを点検する事。

79 ベアリングの動きが悪いならピボットシャフトのガタの原因になるので新品に交換が必要。ベアリング付近のグリスを落としたら、今一度スイングアームをクリーニング。

ベアリングの交換は専用工具が必要なので、作業はプロに依頼を。問題がなければ新しいグリスをベアリングに塗り込む。ローラーの内側、リテーナーの隙間に押し込むようにグリスをしっかり塗布する。

80

81 スイングアームピボットシャフトをクリーニング。シャフトは表面に加えグリスを通すために設けられているシャフト内側の穴も、左右共にしっかり清掃しておくように。

82 グリスニップルでグリスを押し込んだ出口がここ。穴の位置的にシャフト中央までグリスが届かない。グリスアップしているのにシャフトが傷むのはこれが原因。

83 グリスの穴は非貫通式。反対側もグリスを注入したところで届くのは右側の同じような位置の穴まで。このために分解してから行うグリスアップが重要になるのだ。

84 ピボットシャフト周りの構成パーツ。すべてクリーニングし段付き等がないか点検。チェーンスライダーと対するような右一番外側の樹脂カバーはFIモデルからの採用。

85 表面に段付きが無い事を確認したらピボットシャフトのカラーをグリスアップ。おすすめはやはり耐水性の極圧グリス。表面を保護する意味でもカラー全体に塗布。

86 スイングアームにカラーを装着し、グリスを馴染ませるように動かす。ここで万一ガタを見つけてしまったら、残念だがベアリングとカラーのセットで交換が必要だ。

87 クリーニングしておいたスラストベアリングの摺動面を中心にグリスを塗布。カジリ防止にシャフトが通る内周部のエッジにも、グリスを薄く盛っておこう。

88 スイングアーム側にシールをセット。硬化や変形、破損があればもちろん新品に交換。シールの外周部はこの後セットするカバーが外れやすくなるので油分は不要。

89 スラストベアリング内側にシムが入るのはチェーン側のみ。グリスで貼り付ける要領で摺動面にセット。さらにシールを付けたスイングアームにベアリングを装着。

90 シールとスラストベアリングをセットしたスイングアームピボットにダストカバーを被せる。ダストカバーをセットする際に、シールを変形させないよう丁寧な作業を。

91 ピボットの反対側も組み立て作業は同様。一連の作業でパーツや手に油分が残っているので、自分の手や潤滑の必要がない部分を一旦脱脂すると作業が安定するはず。

92 ベアリング周りを組み上げたら、チェーンのある左側にスライダー、右側にカバーを装着し、ピボット関連の組み立ては完了。組み忘れがないか最後に確認しておこう。

93 スイングアームをセットする前にフレームのピボット部もクリーニング。穴の中に加え外側のナットが座付く面、反対に内側のスイングアームと接する面の汚れも除去。

94 スイングアームをフレームにセットする前に、チェーンを左側のアームに通しておく。気づかないままパーツを組み上げてしまうと、はじめからやり直しという事態に。

95 スイングアームのピボットをフレーム側にセットする。フレームとスイングアームの間にはグリスを塗らなくても大丈夫。チェーンでアームの表面を傷付けないように。

96 全体をしっかりとグリスアップしたピボットシャフトをフレームに差し込む。チェーンスライダーをはじめ必要なパーツの組み忘れがないかしっかり確認しておくように。

97 プラハンで探りながらシャフトを挿入。シャフトがまだ入っていない時点では、フレームとスイングアームの間に段差が生じているので力任せに叩き込まないように。

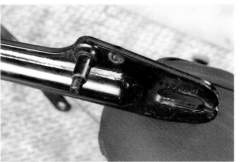

98 シャフト挿入の時点でハンマーパワーが必要なら、シャフトの曲がりやパーツの組み間違い等を考えたい。リアショックユニットの組み込みは膝でアームを支えながら。

99 リアショックユニットのピボットピシャフトにワッシャーをセット。ショックユニットの内側にセットされるワッシャーは上下左右すべて共通。付け忘れのないように。

100 ピボットシャフトの平らな面、つまりショックユニットを直接セットする部分にラバーグリスを塗布する。これはショックユニットの差し込み部がゴムブッシュのため。

上下共に内側のワッシャーをセットし、ピボットシャフトをグリスアップしたら、ショックユニットをセット。実はSRのショックユニットは左右共通。もちろん装着されていた元の状態に戻すのが基本。

101

新車時は、プリロードアジャスターは後ろ向きにセット。ちなみにショックユニットの取付部、上下エンドアイのブッシュは単体で供給は不可。コンディション次第では、向きを変えるのも一考の余地あり。

102

103 エンドアイの外側にワッシャーをセット。こちらは内側と異なり、上が薄く下が厚いというのが正解。固定するナットが上下で異なるので、セットする側を間違えない事。

104 ショックユニットの固定用袋ナット。写真のように深さが異なり、浅い方を下、深い方を上に使用。間違えると正しく固定出来ず、浅いナットを破損する場合もあるので注意。

105 ボトム部の袋ナットをセット。この時点ではショックユニットが外れない程度の仮止めで構わない。ワッシャーの厚さ、ナットの間違いがないかを確認しておこう。

106 ナットとワッシャーをセットしスイングアームピボットシャフトを固定する。メーカー指定の締め付けトルクは104Nm。力の掛かる作業なのでアシストがいれば確実。

107 スイングアームピボットシャフトは、左右どちらからでも差し込んでしまい固定も可能。とはいえ今までのあたりを考慮すれば、元の向きで差し込み固定するのが基本。

108 ナットが両方緩んだ場合はシャフトへの掛かり具合を左右揃えるのが肝心。出っ張りはナットから二山を限度と考えよう。ニップル部のカバーボルトも忘れずに装着。

109 ショックユニット上部のエンドアイ外側に、薄い方のワッシャーをセット。ネジ山に汚れが付着しているようなら、ナットをセットする前にクリーニングしておくように。

110 グラブレールを仮組みし、先端をリアショック上端のピボットシャフトにセット。レールの先端は外側のワッシャーのさらに外側、ナットの隣なので間違えない事。

111 上下のワッシャーとナット、グラブレール先端を正しくシャフトにセットしたら、固定用ナットを本締めする。メーカーによる締め付けトルクの規定値は30Nmだ。

112 下側のナットも本締め。トルクの規定値は同じ30Nm。車体右側はナットを締める際に後方から作業すれば、持ち上げる方向で締めるので安定した作業が可能。

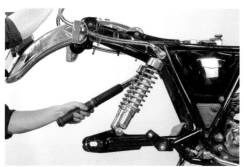

113 左側のショックユニットも同様に固定。締め付けトルクも共通の30Nm。撮影の都合で左手で作業しているが、アマチュアなら確実な利き腕での作業を心掛けるように。

114 実際に作業するにあたっては、リアホイールが無い事を考慮する事。勢いよく力を掛けた瞬間に車体が傾いたりレンチが外れると、思わぬ怪我を誘発する場合も。

最後にチェーンカバーを装着して作業完了。チェーンカバーはホイールが入ると固定できないので、必ず先にセットするように。合わせてグラブレールの固定や、各部締め忘れがないか確認しておきたい。

115

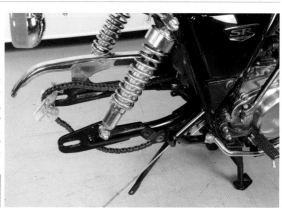

リアホイール・ブレーキのメンテナンス

単気筒の大トルクを一手に引き受けるリアホイールのハブ周り。適切な
分解洗浄とグリスアップで、安心してエンジンフィールを堪能したい。

　最後のセクションは、リアブレーキを含むリアホイールのハブ周りについて解説。リアのドラムブレーキはオールメカニカル構造。徹底した分解整備でポテンシャルを最大限に引き出したい。

ハブ周りも適切なグリスアップで、SRならではのビッグトルクを受けても音をあげない駆動系を構築。安心してスロットルを開けられる状態の維持を狙っていこう。

02 ブレーキペダルの動きを伝えるロッドが差し込まれていたピンを、カムレバーから外しておく。摩耗が酷く表面に段が付いているようなら新品を用意しておこう。

01 フロントブレーキはディスク〜ドラム〜ディスクと変化したが、リアは一貫してドラム式。ここからはそんなリアブレーキのメンテナンス手順を解説していこう。まずはホイールからブレーキパネルを取り外す(p.117〜120参照)。

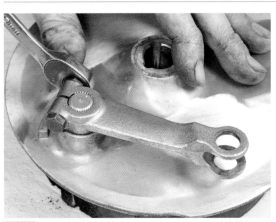

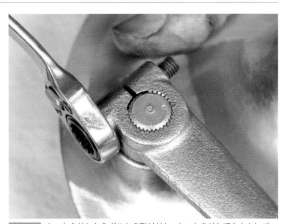

03 カムレバーを取り外すために固定用のボルトとナットを緩める。まずはナットから。レンチのサイズは10mm。ブレーキパネルの内部をむき出しで作業するので、安定したクリーンな場所で作業を。

04 ナットを外したらボルトの取り外し。ナットを外してもカムレバー側にネジが切ってあるので、この時点でまだボルトは固定された状態。抜けないからといって無理にボルトを叩いたりしない事。

05 ボルトを抜いたらカムレバーをブレーキカムシャフトから引き抜く。抜けにくい場合はマイナスドライバー等でクランプ部を気持ち広げる事で外れやすくなるはずだ。

06 次にカムシャフトにセットしてあるウェアインジケーターを外す。薄いプレート状なので変形させない事。奥にあるフェルト製のリングも忘れずに外しておくように。

07 ブレーキパネルを裏返し、ブレーキシューの外周部を中央に向け起こすように取り外す。外し方が正しければスプリングや部品が大きく跳ねるような事にはならない。

08 スプリングのテンションを大きく感じるようなら、その外し方は間違い。シューを起こしてスプリングのテンションを抜くイメージで作業を。次にカムシャフトを取り出す。

分解したドラムブレーキユニット。サークル状のブレーキパネル、1組のブレーキシュー、シューにテンションを掛けるスプリングにカムシャフト、レバーと構成はシンプルかつ合理的な事が分かる。

09

まずカムレバーとブレーキロッドをつなぐピンをクリーニング。ブレーキクリーナーとウエスで表面を拭いたら、ワイヤーブラシで整える。取り外しの際にも述べたが、摩耗や段付きが酷いなら交換を。

10

11 他のパーツもこびり付いたブレーキダストをクリーニング。カムシャフトも軸の部分が偏摩耗しているなら新品に交換。せっかく分解したのなら、新品交換が確実だ。

12 ブレーキシューは摩擦材となるライニング部の汚れも落とす。クリーニング後に厚みを測定。メーカー指定の使用限度はライニングの厚さが残り2mmまでとなっている。

13 ライニングの測定は両端部と中央部の3ヵ所。問題がなければ荒目のペーパーやスポンジヤスリで表面を軽くさらっておく。変色している箇所があれば気持ち強めに。

もちろんブレーキシュー全体もクリーニング。特にカムとの当たり面やピボット付近はしっかりと清掃。変形や偏摩耗がないか点検しておく。ブレーキパネルも可能な限り汚れを落としておく事。

14

15 すべてのパーツのクリーニングが済んだら、組み立てに作業を移そう。まずはブレーキカムシャフトのブレーキパネルとの摺動面に耐熱ラバーグリスを軽めに塗布する。

16 一般的に用いられるカッパーグリスはタッチが重目になる傾向。好みに合わせて変えるのも良いだろう。カムシャフトには忘れずにワッシャーをセットする事。

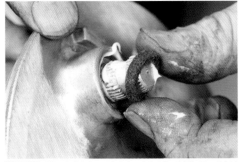

17 パネルにカムシャフトをセットしたら、表側にフェルトリングをセットしておく。フェルトリングも傷みが酷かったり、硬化しきったりしているなら新品に交換しておこう。

18 ブレーキパネルの内側、ブレーキシューのピボットシャフトにも、同じようにグリスを塗布しておく。塗り過ぎは禁物だが、シューとの接触部分に塗り忘れがないように。

19 カムの当たり面にもグリスを塗布。カムシャフトのセットはウェアインジケーターの位置決め用溝に注意。向きを間違えるとインジケーターを正しく装着できない事態に。

20 スプリングのフックにもグリスを塗っておく。忘れがちだが常にテンションが掛かっている部分だけに、グリスを塗ると塗らないとではスプリングの負担も異なるはず。

21 リアブレーキへのアクセスには少々手間が掛かるだけに、分解時にライニングの残量が微妙な場合、思い切って新品に交換する方がアマチュア的には正解だろう。

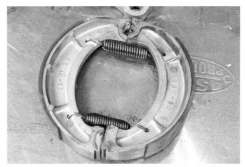

22 スプリングはフックをこの写真のように互い違いに組むほうが外れにくいのだが、SRの場合、分解時の写真のようにどちらも上からフックさせるのがノーマルの状態。

23 組付けはピボット側を先にはめてから、端部を広げカム側にセット。両端が正しい位置に収まったら、取り外しとは逆の要領で外縁部を押し広げながらセットする。

24 スプリングをそれぞれ反対向きに組む場合は、テンションが高いのでシューを組む際には力が必要。逆に同じ向きの場合はテンションが押さえられ分解組み立ては楽。

25 ブレーキシューのカム側が写真のように正しい位置に収まっているかを確認しておく。正しい位置に収まらないようなら、組み立てに間違いがないかチェックしよう。

26 カムシャフトにウェアインジケーターを装着。インジケーターは決まった場所にしかセットできないので、カムの向きさえ合っていれば装着は間違えようがない。

27 カムシャフトにカムレバーをセット。シャフト端部のポンチマークとカムレバーのポンチマークを合わせるように。位置を決めたらボルトとナットでレバーを固定。

28 ブレーキロッドをセットするピンもグリスアップ。同じブレーキ関連の一環としてここで説明したが、固定出来ないパーツなのでホイールを組み込む直前に作業しよう。

ドラム部は摺動面に段差がないか点検。通常、削れて減るのはライニングだが、ライニングを限界以上まで使うと、シューが直接当たり表面が削れ最悪はハブごと交換。ドラムの内径は151.0mmが限界値。

29

次にメンテナンスを行いたいのがハブの反対側、スプロケットの奥にあるハブダンパー。負担の大きい駆動系を支える重要なセクションだけに、ホイールを外した際には、分解してしっかりと整備したい。

30

31 センターのシールにセットされているカラーを外しておく。以降は取り外すパーツの大半にグリスが付いているので、外した後に余計なダストを付着させないように。

32 リブの内側にセットされているサークリップをサークリッププライヤーで取り外す。クリップを縮める方向にはさむので、テンションで飛ばしてしまわないように。

33 サークリップを外したら奥のハブダストシールを抜き出す。ここでもサークリッププライヤーの使用が便利。適切な工具選びが効率的な作業を生む秘訣といえるだろう。

34 ハブダストシールの奥にあるのが2分割式のリアホイールドライブハブストッパー。グリスで張り付いているかもしれないが、はまっているだけなのでそのまま取り出す。

35 スプロケットが固定されたリアホイールドライブハブを取り外す。固着している場合は外れた瞬間にスプロケットごと飛んでくる可能性もあるので作業は慎重に。

36 スプロケットとドライブハブを外すと現れるのが、リアホイールドライブハブダンパー。このゴムの弾力でスロットルオン・オフ時のショックを軽減しているのだ。

ハブダンパーは最低でも20,000kmに一度は点検。ちぎれたり変形しているなら迷わず交換だ。弾力がなくなるとスロットルの動作に対し、走りがギクシャクし、単気筒のSRでは特に乗りにくい状況に。

37

38 ハブダンパーのコンディションを確認、必要に応じて交換したら、組み込むパーツ類をクリーニング。表面に偏摩耗や明確な段付きがあるようなら新品に交換しよう。

39 ハブダストシールもパーツクリーナーで古いグリスを洗い落としておく。表面だけでなくリブや角の内側に残る古いグリスもしっかりとクリーニングしておくように。

40 また面で接するパーツなので、表面の傷みや全体の歪みも要チェック。ハブストッパーもクリーニングと共に変形や錆、腐食がないかを点検し、必要に応じて交換する。

41 ドライブハブ側も古いグリスをクリーニング。安価な速乾性のパーツクリーナーは洗浄後に水分が残るタイプが多いので、必ず水気を拭き取り乾燥させておくように。

42 ハブダンパー側の車軸をグリスアップ。このシャフトが傷んだ場合はハブごと交換が必要。そうならないために分解し、しっかりとグリスアップする事が重要なのだ。

43 ドライブハブの内周部もグリスアップ。実はこのドライブハブにはグリスニップルが装備済。それならニップルからのグリス注入でよいのでは、と誰もが考えるはず。

44 答えはやはりニップルからの注入では完璧なグリスアップは不可能。分解して行うグリスアップが確実、という訳だ。続いてドライブハブとスプロケットをホイールに装着。

45 ホイールベアリングのチェックも忘れずに。繰り返すようだが、スプロケットが絡むメンテナンスは慎重に。先端の尖りに加え重量があるのでトラブルが重大化しやすい。

46 ハブダストシールをセットする面にグリスを塗布する。単にグリスを盛るだけではなく、全面に伸ばすように塗布。またハブストッパーが収まる溝にもグリスを塗り込む。

47 ハブストッパーを装着。溝にしっかりとはめるように。余談だが、ドライブハブのグリスニップルは軸受のガタつきにより取り外せなくなっているものが多い傾向。

48 両方のハブストッパーをセット。必ず正しい位置にセットされている事を確認する事。グリスで張り付いているだけで位置がずれているとダストシールが収まらない。

49 ハブダストシールをドライブハブにセット。シール側の穴をセンターに合わせ、規定の位置までしっかりと押し込む。収まりが悪いならもう一度ハブストッパーを確認。

50 ダストシールを固定するサークリップを装着。外周部の溝が見える事を確認し、クリップの先端から少しずつ押し込む。クリップの取り付けは手の力のみで可能だ。

51 シールのリップ部分の古いグリスをクリーニングしグリスアップ。最後にカラーを装着しハブダンパー関連の組み立ては完了。はみ出た余分なグリスは拭き取っておく。

52 先に組み上げておいたドラムブレーキユニットをホイールにセットする。ドラムとライニングにグリスを付けないよう注意する事。これでリアホイールは完成だ。

53 ここからはリアホイールの装着に作業を移そう。先にスイングアームのメンテナンスの際に外して置いたタンデムステップを、スペースが確保できる間に装着しておく。

54 前述したがチェーンカバーを外した場合は、必ずホイールを組む前に装着しておくように。組み立て完了、と思った後に気付いた時の虚しさは経験者にしか分からない。

55 アクスルシャフトをグリスアップ。グリスは全体に薄く均一に。多めに塗っても挿入時に削ぎ落とされ、余ったグリスがはみ出すだけ。ロスが多いので厚塗りはしない事。

56 アクスルシャフトと共にスイングアームにセットするチェーンアジャスター。シャフトを差し込む穴上部の切り欠きが上にくるのが正しい向きなので間違えないように。

57 グリスアップしたアクスルシャフトとチェーンアジャスターを、スイングアーム左側のエンド部にセット。アクスルシャフトのネジ山に負担を掛けて傷めないように。

58 セット時にチェーンを掛けやすいよう、アジャスターにウエスを介しチェーンをのせておく。取り外しの際に変形気味だったアジャスターは事前に修正しておくように。

59 スイングアームの間にリアホイールを置き、スプロケットにチェーンを掛ける。ドラムブレーキユニットやカラーが脱落していないかを確認したらホイールを持ち上げる。

60 ホイールの下に足を入れ、支えながらアクスルシャフトが差し込める高さに持ち上げる。この時にシャフトを力づくで押し込むとカラーが外れやすいので作業は丁寧に。

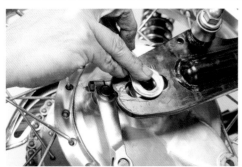

61 シャフトがホイールを通過したら、右側のチェーンアジャスターをセット。切り欠きがあるので間違えないだろうがスペーサーがある方が内側なので間違えないように。

62 アクスルシャフトがスイングアームを貫通。ホイールが完全に固定される前に、必要なパーツの装着やボルト・ナットの締め忘れがないかを、再度確認しておくように。

63 アクスルシャフトにワッシャーをセット。写真からも分かるが、細かなパーツは分解時に磨いておくのが効果的。全体の印象は、細かな部分の仕上げが意外と左右するのだ。

64 アクスルナットはまだ仮止め。シャフトが抜けなければ問題ない。また塗りすぎたグリスがシャフト付近に付着しているようなら、ダストが付く前に拭き取っておく。

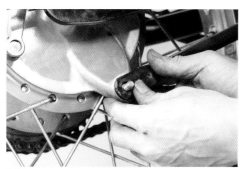

65 ブレーキパネルにトルクロッドを装着。固定用のボルトをブレーキパネルのステー裏側から差し、パネルから出たボルトの先端にトルクロッドを直接セットする。

66 ボルトにセットしたトルクロッドにワッシャーをセット。トルクロッドをセットする事でブレーキパネルが正しい位置へと導かれるので、装着はブレーキロッドより先に。

67 トルクロッドのナットを、メーカー規定値の19Nmで締め付ける。ボルトにネジが掛からない部分を設けているので、トルクを掛けてもロッドの動きに影響はない。

68 続いてブレーキロッドの装着。分解時にパーツをロッドに仮組みしていたなら、ウイングナットは取り外しておく。カムレバー側のピンも忘れずにセットしておくように。

69 そのままではロッドをカムレバーに収めにくいので、ブレーキペダルを押し下げロッドを前に移動すればレバーへのセットが簡単に。ピンのグリスアップを忘れずに。

70 ブレーキロッドをカムレバーにセットしたらウイングナットで仮止め。リアブレーキのアジャストはチェーン調整後に、アクスルシャフトを固定してから行う。

71 チェーンの張り調整の手順は取扱説明書の項を参照。張り具合はリアショックが伸び切った状態で、前後スプロケット間の中央で計測。規定値は30.0〜40.0mm。

72 チェーンを調整後、アクスルシャフトを固定。チェーン側のシャフトトップをドライバー等で押さえ、ブレーキ側のナットを締め付ける。指定の締め付けトルクは130Nm。

73 アクスルシャフトの位置が決まったら、リアブレーキを調整。遊び量はペダル上面で20.0～30.0mmが規定値。ブレーキスイッチの効き具合も忘れず点検しておくように。

74 最後にマフラーを装着。せっかく外してあるのだから、装着時には手が入りにくい部分までクリーニングしておこう。傷を付けないよう布等を用意してから作業開始。

75 接続部のガスケットを確認。基本は新品に交換だが、極端に傷んでないようなら再利用も可能。装着後排気漏れがあるようなら、その時はもちろん新品に交換だ。

76 マフラーの装着は外した時と逆の手順で。唯一気を付けたいのが上部ステーのワッシャー。外からボルト、マフラーステー、ワッシャーの順なので間違えないように。

77 マフラーを車体に装着する。2ヵ所のステーとエキゾーストパイプとの接合部で固定するわけだが、各部をバランスよく位置決めする事が重要。締め付けトルクは上部ステーが60Nm、チャンバー側ステーとジョイントボルトが20Nm。

SR400 FI MODEL
Let's Make It Up!
君だけのSRにカスタマイズ

　長い年月を経て各部をブラッシュアップしてきたSR。それだけにノーマルでの完成度の高さは、オーナーなら誰でも知るところだろう。しかし、それでもなにかしら手を加えてみたくなるのは、やはり自分だけの1台を求めるオーナー心理の表れそのもの。ここからのコーナーは、そんなスペシャルなSRを求めるオーナーに人気のパーツをピックアップ。完成度の高いカスタマイズを実現するために、各パーツの取付け手順や、一般的な組み込み方にちょっとしたヒントを加えながら話を進めていくとしよう。

EXHAUST MUFFLER
エキゾーストマフラー

騒音問題や環境性能、インジェクション化等により、カスタマイズにおける存在感が少々控えめになりつつあるエキゾーストマフラー。とはいえエンジンのポテンシャル向上に加え軽量化、ルックスアップ等メリットは計り知れない。ここではその効果を実感すべく、OVER製フルエキゾーストシステム、SSメガホンの装着手順を解説していこう。

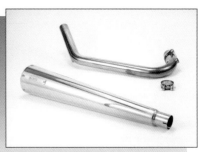

OVER Racing
SSメガホンマフラー

01 まずはサイレンサーを取り外す。手順はメンテナンスの項を参照。外したパーツを傷付けないよう布等を用意しておこう。

02 エキパイ下側のステーを固定しているボルト&ナットを取り外す。使用するレンチのサイズはいずれも12mmだ。

03 O₂センサーからの配線が接続されるカプラーを外す。スペースが狭いうえに防水カプラーなので外す際は少々力が必要。

04 エキゾーストパイプをシリンダーヘッドに固定しているナット2個を緩める。使用レンチはヘキサゴンの6mmだ。

05 固定用ナットが熱により固着している場合は、緩める前に潤滑剤を塗布しよう。ナットを外せばエキパイを取り外せる。

06 エキゾーストパイプからO₂センサーを取り外す。ハーネスを先に外したので、専用のレンチを使わなくても作業可能だ。

07 パイプを外してからO₂センサーを取り外すのは、センサーが緩んだ際にレンチでフレーム等に傷を付けないためだ。

08 取り外したO₂センサーを新たに装着するOVER製エキゾーストパイプにセット。もちろん無加工でボルトオン装着可能。

09 エキパイ下側のブラケットにもノーマルマフラーからブッシュを移植。傷が激しいようなら新品に交換しよう。

10 エキゾーストパイプをセット。まだ仮組みだが固定用ナットは均等に締めていく事。もちろんガスケットは新品に交換。

11 下側のステーも仮組み。先に固定してしまうとサイレンサー側の負担が増え、場合によっては上手く装着できない事も。

12 OVER製サイレンサーにもノーマルマフラーからマウントブラケットを移植。ブラケットはボルト＆ナットで固定される。

13 ブラケット固定用のボルト＆ナットは共に、レンチのサイズは14mm。もちろんブラケットもこの時点では仮組み状態。

14 ブラケットを組んだサイレンサーをエキパイにセットし一旦仮組み。チャンバーの無い構造で重さの違いも歴然だ。

15 各部を負担なく仮組みしたら、ボルトやナットの本格的な固定に入る。締め付けは車体の前から後ろの順に行う。

16 シリンダーヘッド側の固定が決まったら、下側のステーを固定。見えにくい場所なのでレンチはしっかりと掛けるように。

17 サイレンサーバンドはボルト&ナットの位置が重要。あまり外側すぎるとボルトの頭がバンク時に路面にタッチしやすい。

18 反対に内側すぎると転倒時にフレームを傷める可能性が。バンド位置が決まったら最後にサイレンサーブラケットを固定。

19 エキゾーストシステム全体を固定したら、O₂センサーのカプラーを接続する。必ずしっかり奥まではめ込む事。

20 センタースタンドのストッパーが無くなるため、付属のストッパーを装着。まずはチャンバー部の固定用ステーを取り外す。

21 ステー固定用ボルト&ナットの取り外しは12mmのレンチ。ステーの隙間を潰さないよう付属スペーサーをセットする。

22 付属のブラケットをセットするのだが、付け方がいい加減では意味がない。この写真は正しくない位置にセットした状態。

23 この写真も間違ってセットした状態。思い込みで作業すると最初は良くても時間の経過と共に取り返しがつかない場合も。

24 ブラケットで元のステーをカバーするように装着するのが正しい取り付け方。使用レンチは6mmのヘキサゴンと13mm。

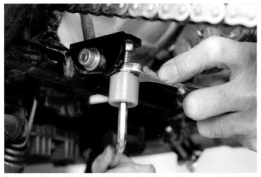

25 新しいブラケット本体を固定したら、ストッパーの高さを調節。レンチは同じく6mmのヘキサゴンと13mm。

26 点ではなく面で支えている事に注目。スタンドが他のパーツに当たらない、下がりすぎていない事を確認し作業終了。

27 エンジン始動前に必ずエキゾースト全体を脱脂する。せっかくの新品マフラーの表面に染みや焼きムラを作らないように。

28 脱脂後エンジンを始動し排気漏れを確認する。(熱くなる前に)排気口を塞ぎエンジンがストールするくらいなら完璧。

以上で作業終了。面倒がらずに仮組み、位置決めを繰り返し、各部をストレスなく組み上げる事が、最終的な完成度を高めるポイント。

29

147

REAR SUSPENSION
リアサスペンション

最初は特に不満を感じなくても、走りを意識するようになると、徐々に気になってくるのが足回り。SRの場合、リアのツインショックは交換も比較的簡単でその上効果を実感しやすいのも魅力。今回はストリート向けの走りと乗り味にこだわったNITRON製TWIN R1リアショックユニットをチョイス。その装着手順を紹介していく。

NITRON
STEALTH TWIN R1 Series

シンプルな構成だけに交換は外して差し替えれば終了、と思いがち。だが実際には交換に伴い、加工を含めた作業がいくつか必要。

01

今回はチェーンケースの加工が必要。そのためスイングアームとサスペンションを残し、リア回りはほぼストリップの状態にする。

02

03 ノーマルのショックユニットを取り外す。各部分解の手順はメンテナンスのリア回りの項を参考に作業を進めよう。

左右の固定用ナットを外し、まず左ショックユニットを取り外す。上下のワッシャとナットの組み合わせを間違えないように注意。

04

05 チェーンケース後側の固定ボルトを緩める。間違えて長いボルトを使うとチェーンに干渉するので、必ず元の位置に戻す事。

148

06 スイングアームピボット側のボルトを緩める。クリアランスが狭いのでラチェット内蔵のレンチが便利。サイズは10mm。

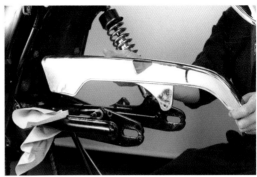

07 このケースを外すためにリアホイールの取り外しが必要。右ショックユニットを外さないのはスイングアーム支持のため。

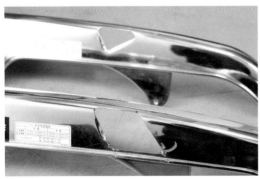

08 今回交換するナイトロン製ショックは径が太いためチェーンケースのカット、あるいは社外のケースへ交換が必要となる。

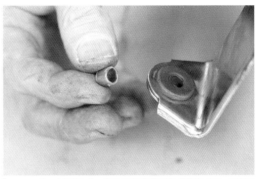

09 カットはサンダーや金ノコで作業可能。作業中、ステーにセットされているブッシュの中にあるカラーを失くさない事。

10 ショックユニットとチェーンケースの装着に合わせてスイングアームを点検清掃。どうせなら同時に整備するのがベスト。

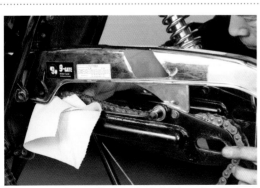

11 ケース加工は現物と合わせながら位置をマーキングし、カット。加工の自信がなければ社外品に交換する方が確実。

12 ナイトロン製ショックとノーマルショック。素人目にもフルアルミボディの質感の高さが分かるだろう。

13 全長の調整が可能なので、まずはノーマルと同じ長さにアジャスト。エンドアイを固定しロックナットを緩める。

14 ロックナットを緩めたら、エンドアイを回してショックの長さを調整する。1ピッチが1mmなのでアジャストも簡単。

15 全長は実際に計測するのもいいが、スイングアームに残した右ショックと合うようにセットすれば左右の長さは同一に。

16 エンドアイ部を最短にした場合と最長にした状態の比較。リアの高さを、この範囲内で調整する事が可能となる。

17 ショックユニットの全長を調整したら、チェーンケースを固定。ピボットシャフトの表面にラバーグリスを塗布しておく。

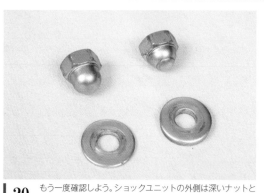

ロックナットでエンドアイを固定し、左側のショックユニットを車体にセット。スムーズに装着出来なければ、全長を再調整してみよう。

18

右側のユニットも全長を左と同じ長さに調整し装着。経験者が好みの乗り味を求めるなら調整は自由だが、まずは標準からが基本だ。

19

20 もう一度確認しよう。ショックユニットの外側は深いナットと薄いワッシャーが上、浅いナットと厚いワッシャーが下側だ。

21 ショックユニットを左右それぞれ装着。上下共にナットとワッシャーの仮組みを行い、問題がないか確認する。

22 固定用ナットを本締め。メーカー指定の締め付けトルクは30Nm。固定用ナットの締め付けトルクは上下左右共通だ。

23 最終的な締め付けの前にナットとワッシャーの最終確認を。チェーンケースのボルトもチェーンへの干渉がないか確認。

24 上部の固定は各パーツの位置に注意。内側からワッシャー、リアショック、ワッシャー、グラブレール、ナットの順だ。

組み込みの完了したNITRON製STEALTH TWIN R1 リアショックユニット。フルアルミボディかつシンプルな構成がSRにベストマッチ。

25

PERFORMANCE DAMPER
パフォーマンスダンパー

Y'S GEAR
パフォーマンスダンパー

一見頑丈なフレームも、走行中は微妙にしなったり曲がったりする事で、外部からの入力を受け止めている。その特性にあえて手を加える事でワンランク上の走りを実現しようというのが、このパフォーマンスダンパーだ。SRの乗り味をよりソリッドにしたいと考えているならば、一度は体感してみたいパーツの筆頭といえるはずだ。

01 ドライブスプロケットを覆っているクランクケースカバーを取り外す。固定ボルトは3本。レンチはヘキサゴンの5mm。

02 カバーが外れたところ。ボルトの長さは3本共同一。各ボルトそれぞれにワッシャーがセットされるので失くさないように。

03 写真中央に見えるエンジンハンガーのボルトを緩める際に邪魔になるので、ケーブルを固定しているタイラップをカット。

04 同様に作業を中断させないよう、邪魔になるリアブレーキスイッチも外しておこう。スイッチ自体の取り外しは工具不要。

ここからはエンジンマウントボルトを緩める作業。まずはエンジン後部の上側から。ボルトは14mm、ナットは17mmの組み合わせだ。

05

06 少々奥にあるのでオフセットしたレンチが必要。またハイトルクで締められているのでレンチ自体もしっかりしたものを。

07 マウントボルトを取り出す。反対側のブレーキスイッチ奥のカラーを落とさないように。外したボルトは保管しておく事。

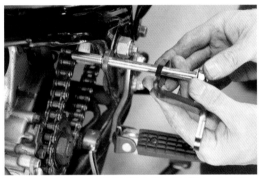

08 キットに含まれているマウントボルトに、ブラケットとスペーサーをセット。ブレーキスイッチマウントとカラーも忘れずに。

09 エンジンマウントボルトとナットは、ブラケットの位置がこの時点で正確に決められないので一旦仮止めの状態で。

10 続いて左フロントのエンジンマウントボルトを取り外す。外すのは14mmのボルト2本。エンジン側は緩める必要はない。

11 キットに含まれるボルトでブラケットを固定。2018年以前のモデルはブラケットの奥に付属のスペーサーをセットする。

12 前側のブラケットもここでは仮止めの状態。この2本のボルトはネジロック剤の塗布が必要だが、ここでは塗らないように。

13 前後ブラケットを仮止めしたら、パフォーマンスダンパー本体をブラケットにセット。後部ブラケットとダンパーは平行に。

ダンパーを仮止めしたら、前側のマウントボルトに中強度のネジロック剤を塗布しブラケットを固定する。締め付けトルクは2本共に35Nm。

14

15 続いて、後部ブラケットをマウントボルト&ナットで固定。締め付けトルクは60Nm。

16 ダンパーとブラケットの位置が揃っていないと正しいダンピング効果が得られないので、各パーツの位置合わせは確実に。

ダンパーとブラケットをつなぐボルト&ナットを固定する。使用レンチは14mmとヘキサゴンの8mm。指定締め付けトルクは64Nmだ。

17

ケースカバーを装着し最初にカットしたタイラップを巻き直して取付けは完了。ブラケットとダンパーの位置決めが最重要ポイントだ。

18

IGNITION COIL
イグニッションコイル

POSH
スーパーイグニッションコイル

　目に見えないだけに、電気系のカスタマイズは後回しになりがちなもの。しかしシリンダー容積の大きいSRにおいては、点火系のグレードアップパーツはその効果を体感しやすい筆頭アイテムといえる。ここでは、FIモデル対応したPOSH製のイグニッションコイルキットの装着方法を解説。よりトルクフルなエンジン実現へのステップを紹介しよう。

01 まずはフューエルタンクを外し、交換作業の邪魔になるケーブル用のホルダーを取り外す。使用レンチサイズは8mmだ。

02 続いてイグニッションコイルをフレームに固定しているボルト2本を取り外す。使用するレンチはヘキサゴンの5mm。

03 コイルに接続されているケーブル2本を取り外す。引き抜く際は接続部を傷めないよう必ずカプラー部を持つように。

04 ノーマルコイルから取り外したケーブルにキットのケーブルをつなげる。赤/白に黄、橙に青をそれぞれ接続する。

05 FIモデルに対応しているこのキットだが、現状では取付けスペースの都合上、'10〜'17モデルのみ適合となっている。

06 POSH製のイグニッションコイル。ボルトオンでより強いスパークを実現しつつ、セッティングの変更も不要なのが魅力。

07 POSH製のコイルをフレーム前側のステーに装着。固定に際しノーマルで使用していたコの字のワッシャーは使用しない。

08 コイルの位置がタンクと干渉しないよう注意。イグニッションコイルを固定したら付属ハーネスのカプラーをセットする。

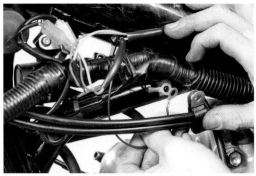

09 ケーブル用ホルダーにアース端子を共締めする。端子が触れる部分をサンドペーパーで磨いておくと、より効果的だろう。

10 ハーネスのカプラーにパワーデバイスを接続。カプラーは欧州車では一般的な金属製のクリップでロックするタイプ。

11 2Pinのカプラーにイグニッションコイルのモニタリングキャンセラーを接続。ロックが掛かるまで確実に差し込む事。

12 接続された電装パーツはシート下に収まるよう設計されている。最終的にはマジックテープ等で固定すると良いだろう。

13 プラグキャップ変更に伴いターミナルが必要。単体でも購入可能だが、どうせならプラグもターミナル付の新品に交換を。

14 プラグキャップをセットして作業終了。スパークが強くなる分、プラグの消耗も激しくなるので点検はより短いサイクルで。

HANDLEBAR
ハンドルバー

　思い通りのライディングポジションを手に入れたいのなら、まず最初に考えるのがハンドルバーの交換だ。バーハンドルのSRの場合、選択の幅も広く見た目のイメージチェンジにも効果絶大なハンドル交換。しかし、交換自体は簡単だが場合によっては付属パーツの交換や調整が必要な場合もある。ここでは、そうしたプロセスを解説していこう。

デイトナ
**70'sハンドル XS1 Type
ロングクラッチケーブルetc**

01 ハンドルバーの交換は交換作業自体よりも、付随してくるパーツの取り外しが作業の大半。右ミラーは逆ネジに注意。

02 今回はケーブル類もハンドル幅に合わせ交換が必要。まずはデコンプケーブルを取り外す。ヘキサゴンレンチは5mm。

03 ブラケットを外したらカムレバーからデコンプケーブルを外す。もちろん交換するハンドル幅が狭ければ交換は不要。

04 同様にクラッチケーブルも交換。アジャスターを最短に縮め、ロックスクリューと溝を合わせケーブルをレバーから外す。

05 このやり方で取り外しができない場合、現状でパーツがノーマルでないか、あるいは取り回しが間違っている可能性も。

06 クランクケース側のカムレバーからもクラッチケーブルを取り外す。接続部のロックタブを起こせばエンド部が外せる。

07 上側がフリーでテンションが抜けているため、取り外しは簡単。無理にこじってエンド部のケーブルを傷めないように。

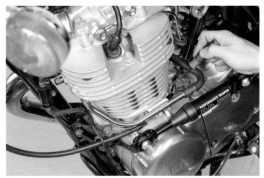

08 ケース側ホルダーは少々タイトなので、ケーブルエンドのブーツは先の丸い工具で押し込むか、あるいは先に抜いてしまおう。

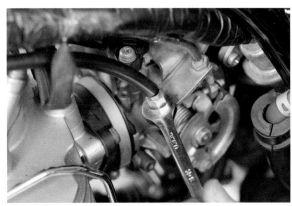

当然ながらスロットルケーブルも交換が必要。スロットルボディからケーブルを取り外す。まずは戻し側のケーブルから。

09

10 取り外し方はメンテナンスの項でも解説しているが、必ず戻し側から先に外すように。使用レンチのサイズは10mmだ。

11 同様に引き側のケーブルも取り外す。いい加減に工具を掛けると薄いナットを傷めやすいので、必ず確認して作業する事。

12 プーリーからケーブルエンドを取り外す。ノーマルに戻すときの再利用も考え、エンド部を傷めないよう作業は丁寧に。

13 フレーム下でケーブルを支えるホルダーを取り外す。ハーネス類に埋もれた箇所なので、工具を掛ける際は必ず確認を。

14 ホルダーが外れたところ。フレーム側に見える共締めされたアース用の丸型端子を、取り付けの際に忘れないように。

15 続いてスロットルホルダー側の取り外し。まずはロックボルトを引き、戻し共に緩める。レンチはここのみ13mmを使用。

16 スロットルホルダーを分解するためスクリューを2本緩める。スクリューの頭を傷めないようしっかり目視して作業する事。

17 ドライバーはプラスの2番を使用。スクリューは2本共同じ長さだ。分割時に内部のケーブルを無理に捻らないように。

18 スロットルチューブから引き、戻し各ケーブルエンド部を外し、ホルダーから引き抜く。ホルダーはそのまま利用可能だ。

19 スロットルチューブはグリップを外すのがひと苦労。価格も手頃なのでグリップを変えるなら新品にするほうが簡単で確実。

スロットルケーブルを完全に取り外す前に取り回しを確認しておこう。上部は2本共にライトステーの内側を通っている事が分かる。

20

ライトステーの内側に入った後はホーンブラケットの中央部を通ってフレーム下部へと伸びる。他のケーブルとの位置関係もチェック。

21

クラッチケーブルも取り回しをチェック。勢いでどんどん外してしまうと正しい取り回しが分からなくなるので、必ず確認しておく事。

22

23 各ケーブル類が外れた状態。いまだハンドル本体には未着手だが、さらにここからはブレーキラインの取り外しが必要。

24 ハンドル幅に合わせ、各ケーブル同様ブレーキラインも変更が必要。まずはホースを固定しているブラケットを取り外す。

25 右フロントフォーク、アンダーブラケット下のブラケット固定ボルトを取り外す。どちらも使用するレンチは8mm。

26 ブレーキラインの交換にはフルードの抜き取りが必要。ガラス面の染みは取れないのでメーターはしっかりとカバーを。

27 マスターシリンダーのリザーバータンク周辺もしっかりとカバー。水を汲んだバケツと濡らしたウエスも合わせて準備を。

リザーバータンクのキャップを取り外す。ドライバーはプラスの2番。スクリューの頭を傷めないよう、確実な作業を心掛けるように。

28

29 キャップはダイヤフラムホルダー、ダイヤフラムと共に3ピース構造。ダイヤフラムが傷んでいるなら新品に交換する事。

30 フルードはキャリパーから下抜きで行う。レバーを握った際にフルードが跳ねないよう、プレートでタンクをカバーしておく。

キャリパー側はブリーダーボルトにホースを接続。すべてのフルードが抜けても問題ない容量、さらには安定した形状のタンクを用意。

31

32 ブリーダーボルトを緩めレバーを繰り返し握りフルードを排出させる。レバーのタッチが無くなった時点で作業は終了だ。

33 タンクのフルードが無くなったら周辺をクリーニングし、余計なダストが入らないようリザーバータンクのキャップを仮止め。

34 ブレーキホースを外す際にフルードが垂れるので、ブレーキスイッチを取り外す。まずはレバーピボットのブーツをめくる。

35 ピボットエンドに差し込まれているスイッチを取り外すには、ホルダーの裏側から写真の爪を押し込みつつ丁寧に引き出す。

36 いよいよブレーキホースを取り外す。必ずフルードが垂れてくるので、必ず最初から濡れたウエスを用意しておく事。

37 バンジョーボルトを取り外す。レンチサイズは12mm。バンジョーを挟み込む2枚のワッシャーも忘れず外しておく。

38 ワッシャー＝漏れを防ぐガスケットは変形する事で密着するため、マスター側やバンジョーボルトに固着しやすい。

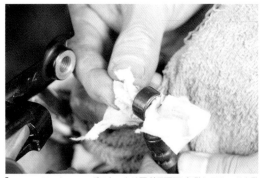

39 ワッシャー＝ガスケットは再利用不可。無駄にフルードを撒き散らさないよう、バンジョーにウエスをセットしておくと安心。

40 続いてキャリパー側のバンジョーを取り外す。こちらも必ずフルードが漏れるので最初から水で濡らしたウエスを準備。

41 バンジョーボルトを緩めると予想通りフルードが漏れてくる。漏れたフルードは適宜濡らしたウエスで拭き取っていく。

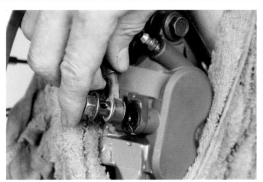

42 キャリパー側も同様にバンジョーを2枚のガスケットで挟み込む構造。変形して固着したガスケットは必ず外しておく事。

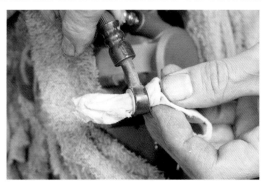

43 固着したまま気付かず新品のガスケットを組んでも、そこからフルードが漏れる事態に。こちらもバンジョーにウエスを。

ホースを車体から取り外す。外したホースはしばらくフルードが垂れてくるので、保管場所に注意。可能ならしばらく吊るしておくと確実。

44

45 フルードが付着したら焦らず水で洗う事が重要。リムもアルマイトなのでパニックにならずに落ち着いて対処しよう。

46 ブレーキラインを切り離したら続いてマスターシリンダーをハンドルから取り外す。ボルトは上下2本でレンチは10mm。

47 マスターシリンダーのホースジョイント部からも、間違いなくフルードが漏れるのでウエスでプロテクトしておくように。

48 次にハンドルバー左側のスイッチボックスを取り外す。固定はスクリューが2本。ドライバーはプラスの2番を使用する。

49 スクリューはフロント側が短いので、装着時に間違えないように。分割時に内部のケーブルを傷めないよう作業は丁寧に。

50 クラッチレバーホルダーからクラッチスイッチを取り出す。ブレーキスイッチ同様、ストッパーを押し込みながら引き抜く。

51 クラッチホルダーは分割式でないため、取り外し時はグリップが障害に。接着剤を切るイメージでグリップを外していく。

52 グリップは再利用しないならカットしても構わない。続いてホルダーを固定しているボルトを緩める。レンチは10mm。

53 接着剤はカッター等でこそぎ落とすように。パーツクリーナーも良いが、グリップを抜く時は速乾性のものを用いよう。

54 ここでようやくハンドルバー本体の取り外し作業をスタート。まずはクランプの固定用ボルトのメッキカバーを取り外す。

55 外したカバーは失くさないように。続いてクランプ固定ボルト4本を緩め上下に分割。ヘキサゴンレンチは6mmを使用。

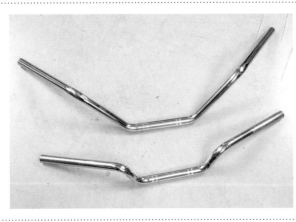

上が今回交換するデイトナ製70'sハンドル XS1 Type。サイズは幅760mm、高さ120mm、プルバックが205mm。下は取り外したノーマルハンドルだ。

56

57 デイトナ製70'sハンドルをクランプにセットする。ハンドル表面に設けられたセレーションをクランプに合わせる。

まずは基準を設けるためにフロントフォークとハンドルの角度を合わせて固定。最適な角度を決めるのは走り出せる状態になってから。

58

59 クランプは矢印を前にセット。前側のクランプボルトを本締めしてから後ろ側を締め、バーを固定するのが基本だ。

60 クラッチレバーホルダーをハンドルにセット。固定はグリップ接着後に行うが、グリップの幅は忘れず確保しておくように。

61 今回はノーマルグリップを再装着。接着剤をグリップ内側に塗り潤滑剤として使いつつグリップエンドを叩いて押し込む。

62 グリップがエンド部まで入ったら続いてスイッチボックスをセット。しかし、ハンドル幅が増したためハーネスが届かない。

63 そこでヘッドライトシェル内でハーネスの調整を行う。内部にアクセスするためスクリューを緩めライトレンズを取り外す。

64 レンズが外れたらスイッチボックスからのハーネスが接続されているカプラーを外す。シェルのエッジで怪我しないように。

65 レバーホルダーとスイッチボックスの位置を考慮しつつ、外部とシェル内部のハーネスの取り回しの最適位置を探る。

66 今回はハーネスをシェル上側からの取り回しに変更。取り回しが決まったらスイッチボックスとレバーホルダーを仮組み。

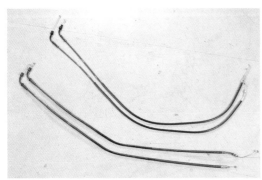

67 ハンドルバーに合わせ、各ケーブル類はデイトナ製のロングタイプに交換。写真はスロットルケーブルで120mm長い設定。

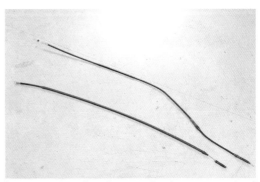

68 同じくロングタイプのクラッチケーブル。下のノーマルケーブルよりも150mm長い。アジャスターやブーツももちろん装備。

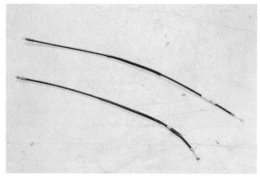

69 忘れてはならないデコンプケーブルも120mmロングに。長さが足りないとハンドルを切った時のストールを誘発する。

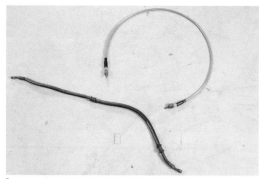

70 ブレーキラインは同じデイトナ製のステンレスメッシュホースを採用。制動力の向上も同時に構築していく。

71 マスターシリンダーをハンドルに仮組み。ホースの関係もあるので、できるだけ実際に使用する位置に近い場所にセット。

72 ブレーキラインをキャリバーとマスターシリンダーにセットしていく。バンジョーにやや角度が付いている方をキャリバー側にセット。

73 バンジョーを挟み込むガスケットは必ず新品を用いる事。バンジョーボルトの締め付けトルクは上下共に30Nmだ。

74 リザーバータンクが水平になるようハンドルを調整。フルードをリザーバータンクに満たす。ウエス類の用意も忘れずに。

75 レバーを握ってフルードを送り、タッチを上げていく。エアが溜まっているとエアが抜けてくるのに数十分掛かる場合も。

76 レバーのタッチが出てきたら、通常のエア抜きを行う。エア抜きが完了したら、リザーバータンクのキャップを締めてホース交換は終了。

77 続いてスロットル回りの組み立て。まずはハンドルバーにグリスを塗布。薄く均一に塗るのがポイント。厚塗りは不要だ。

78 スロットルチューブをハンドルバーにセット。軽く動かして動きが粘つくようなら、グリスを少し減らして装着してみよう。

新しいロングスロットルケーブルをセット。フレームやステアリングヘッド付近の取り回しはノーマルと同様。向きを間違えないように。

79

80 ライトステーの内側からホーンブラケットを通しスロットルボディへと引き回していく。無理せず自然にセットするのがコツ。

81 デイトナ製のロングケーブルは型番で引き戻しの判別が可能。型番の末尾Aが引き側、末尾Bが戻し側だ。

スロットルホルダーを介し、ケーブルをスリーブに接続。ついホルダーを忘れてケーブルをセットしがちなので、作業は焦らず確実に。

82

83 ホルダー側を決めたらスロットルボディ側にケーブルを接続。外す時とは反対に、装着する際は戻し側から接続する。

84 ケーブルを接続できたらフレームにホルダーを固定。外す際にも述べたがアース用端子を一緒に固定するのを忘れずに。

クラッチケーブルも取り回し自体はノーマルと同様。ただし少々タイト気味になった、スイッチボックスからのハーネスに気を使いたい。

85

86 スピードメーター横からケーブルを通していく。ケーブルのセットは下から行うのでこの時点でレバー側はフリーの状態。

87 ケーブルエンドのセットはクラッチ側から行う。エンジンブラケットに設けられたガイドを通しブーツをシリンダー側に。

88 ケース側のガイドはタイトなため、スムーズに通すなら外す時同様、ブーツにラバーグリスを塗ってしまうのが確実。

89 ブーツにグリスを塗ったらケース側のガイドを通していく。もちろんはみ出した余分なグリスは拭き取っておくように。

90 クラッチケーブルエンドをカムレバーホルダーにセット。接続部のロックタブを元に戻しておく事を忘れないように。

91 続いてクラッチレバー側にケーブルエンドを装着。各ケーブル類は装着に際しエンド部のグリスアップを忘れずに。

92 クラッチケーブルとは反対にデコンプケーブルはレバー側を先に装着する。ヘッド側の取付けはノーマルと同様に行う。

デコンプケーブルの取り回し不良で、圧縮抜けが起きていないか確認する。ハンドルを左右に切り、デコンプが効いていないかチェックしよう。

93

スロットルケーブルはロックボルトでケーブルを固定。引き側と戻り側を平行に出しハンドルに沿わせるのが基準といえる。

94

ハンドルを右一杯に切った状態でケーブルの遊びをチェック。スロットルボディ側の調整は、引き側のみアジャスターが設けられる。

95

ハンドルを左右に切ってスロットルを開閉。全開から手を離した際に素早く、軽くスロットルが戻るかをチェックしよう。

96

スロットルケーブルの遊び量は下側を基準にホルダー側のアジャスターで微調整。8mmのオープンスパナ2本を使用。

97

98 クラッチ側も同様にケーブル本体のアジャスターで遊び量を調整。こちらは10mmのオープンスパナ2本を使用。

99 最後にホルダー側のアジャスターを固定。こちらもハンドルを左右に切り、ケーブルが突っ張ったり極端に緩まないか点検。

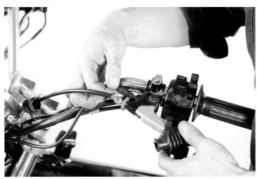

100 ケーブルの取り回しに問題が無ければクラッチスイッチをセット。ケーブルとレバーピボットにブーツをセットする。

101 スロットル側もブレーキスイッチを装着。ケーブル類の取り回しに問題がなければレバーピボットにブーツをセットする。

102 最後に実際に跨り、レバーやハンドルの角度を調整して作業完了。今回は精度の高いデイトナ製パーツの組み合わせでスムーズに組み込めたが、汎用品を流用する場合はフロントフォークが伸び切った際の寸法等も検討するように。場合によっては大変危険な事態を招きかねない。

SCREEN
スクリーン

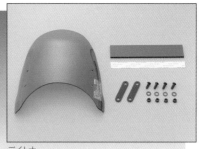

デイトナ
エアロバイザー
SR用ステーセット

　カウルを待たないシンプルなルックスというのが、SRの大きな魅力のひとつだが、長距離ツーリングでは、向かい風に体力が奪われるのも事実。そこでプラスワンしたいアイテムが小ぶりなスクリーン。SRならではのイメージはそのままに、風による影響を軽減してくれる効果的なパーツの取付け手順を解説していこう。

01 エアロバイザーの装着はライトシェルの固定用ボルトを利用。まずライトレンズを取り外す。手順はバルブ交換を参照。

02 ライトレンズが外れたらシェルを固定しているボルト＆ナットを取り外す。レンチのサイズはどちらも12mmを使用。

03 ボルトと共締めされているカラー類を失くさないように。続いてエアロバイザー用のステーをマウント部にセットする。

取り外したボルト＆ナットでステーをシェルと共にセット。バイザーステーのストッパーがライトステーに載るように。ここはまだ仮組み。

04

左右両側のステーを写真のようにセット。もちろんまだ固定はしていない。ここで完全に固定してしまうと、バイザーと穴位置が合わなくなる場合もある。

05

バイザーとの接合面にゴムシールをセット。ステッカー式になっているので、剥離紙を剥がし接着する。穴位置がずれないように。

06

シールをバイザーとステーの間に挟む事で密着性が向上。さらに振動やスクリューの締込みによるバイザー側のクラックを抑制する。

07

ライトシェルを固定する前に一度バイザーを合わせ、固定用の穴位置が合うか確認。位置が合わず負荷が掛かるとクラックの原因に。

08

ステーの位置が決まったらライトシェルと共にボルト&ナットで固定。カラー類の付け忘れに注意しよう。続いてライトレンズも装着。

09

バイザーをステーにセットする。まずは手でスクリューとナットを仮組み。もし穴位置がずれてしまっていたら、もう一度ステーの調整をする。

10

問題なく仮組みできたら本締め。ただし締める際は必ずナットから行う事。スクリューからの締込みはクラックを誘発しやすい。

11

バイザーの装着が完了。工程的に特に難しい点はないが、固定用の穴位置を合わせる事に加え、スクリューを締めすぎないのが肝心。

12

REAR CARRIER
リアキャリア

　フラットなシートのSRは、荷物の積載性は及第点。しかし中にはもう少し荷物を詰めたら、と思うツーリストも少なくないだろう。今回装着するワイズギア製リアキャリアは、純正グラブバーと併用でき、灯火類への干渉もなく座面と高さが揃っているのがポイント。専用設計ならではの完成度の高さを、組み込みプロセスを見ながら実感してみるとしよう。

Y'S GEAR
リアキャリア　TYPE2

01 キャリアの装着はリアウインカーの取り外しから。ウインカーステー根本のナットを緩める。レンチサイズは17mm。

反対側も同様に取り外す。センターにハーネスがあるのでレンチはオープンスパナを使用。取り外し後ハーネスに負担を掛けないように注意。

02

03 次にグラブバーをシートレールに固定している、ウインカー前側にあるボルトを取り外す。レンチのサイズは12mmだ。

04 車体側の用意が整ったらキャリアの準備に入ろう。キャリア上部を固定するブラケットに緩衝用のテープを貼る。

装着はグラブバーの固定ボルトと、レールを挟み込むブラケットで固定する構造。そのためグラブバー無しでは装着不可能。

05

キャリア前部のステーをグラブ
バー固定ボルトで取付け。もちろ
んボルトはまだ仮止め。固定は全
体の位置が決まってから行う。

06

左右の前部ステーを仮組みできた
らグラブバーを挟むように左右ブ
ラケットを仮組み。各部を組んだ後、
全体のバランスを整える。

07

08 バランスを確認したら、前側のステー、後ろ側のブラケット共
にボルト類を本締め。締め付けトルクは16Nm。

09 ウインカーを装着。締め付けトルクは4Nm。ステーを通す手
間を考慮すると、ウインカーは外してしまう方が簡単。

グラブバーを外さず装着可能なの
がワイズギア製キャリアの特徴。耐
荷重は3kg。装着後は定期的にボル
ト類の増し締めを行うように。

10

USB POWER SUPPLY
USB電源

　スマートフォンを筆頭に、ツーリング先ではそれら機器の電源の確保が重要。そのため愛車へのUSB供給電源の設備は、いまやマストアイテムといえる。ここでは単なる電源で

はなく、電圧計を含めたメインキー連動のデイトナ製のUSB電源を装着。SR特有のカプラー式バッテリーに対する、ハーネス接続の手順を解説していこう。

デイトナ
**デジタル電圧系＆USB電源
Type-A 「e ＋CHARGER」**

01 モニターをセットしたい場所にステーとなるハンドルクランプを装着。スペーサーはハンドルに合わせΦ22.2mmを使用。

02 電装系パーツの基本として、一度バッテリーに直接接続し動作を確認。もちろんバッテリー電圧が12V以上で行う事。

04 クランプにモニターをセット。後はハーネスをバッテリーに接続、なのだがSRはカプラー式のため接続には加工が必要。

03 ACC用にキーONで電気が取れる配線をテスターで探す。今回はフロントブレーキスイッチのプラス線を採用。

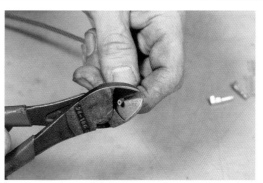

05 ハーネスの分岐作業は分かりやすくするため別のケーブルで作業を説明。まずはキット側のバッテリー接続端子をカット。

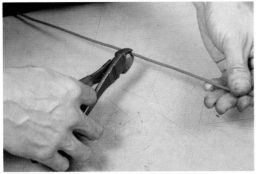

06 続いてバッテリーに向かうケーブルをカプラー手前でカット。ケーブルはいずれも圧着用にエンド部の被覆を剥がしておく。

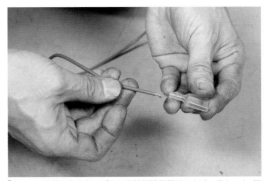

07 車体からのケーブルに分岐配線用端子のカバーをセット。端子をセットしてからでは装着できないので忘れないように。

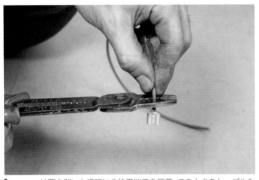

08 被覆を剥いた場所に分岐用端子を圧着。この太さのケーブルなら端子とセット販売されている圧着ペンチで十分作業可能。

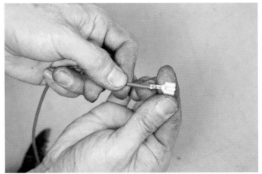

09 圧着した分岐用端子。ギボシのオス側端子を2本セットできる構造。しっかり圧着されているか引っ張って確認しておく。

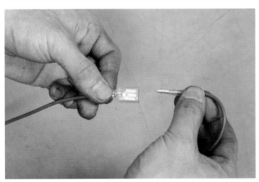

10 バッテリーとキットからの配線それぞれに、ギボシのオス端子を圧着。オス側も圧着前のスリーブのセットを忘れずに。

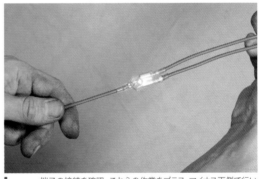

11 端子の接続を確認。これらの作業をプラス、マイナス両側で行い、キットとバッテリーからのケーブルをそれぞれ接続する。

12 フロントブレーキスイッチは赤/茶のケーブル。ACC側の接続をここに決めたのは、通常時の消費電力が少ないためだ。

13 全てのケーブルを接続したらモニター動作とUSBポートからの電源供給を確認。配線の取り回しは無理のないように。

SMARTPHONE HOLDER
スマートフォンホルダー

多くのライダーにとって、バイクを購入した際、最初に手に入れるアクセサリーの筆頭がスマートフォンフォルダーだろう。ナビゲーションや旅先の情報収集など、日常からツーリング時までスマートフォンを見やすくセットできるフレキシブルなホルダーは、今や最重要アイテムのひとつ。とはいえライディング時は、走りに集中する事を忘れないように。

デイトナ
バイク用スマートフォンホルダー3+

01 キットに付属しているクランプスペーサーをハンドルバーの取付けたい位置にセット。取付部には30mmの幅が必要だ。

02 標準的なΦ22.2mmのハンドルにスペーサーをセットする場合、スペーサーの余分を10mm程カットしておく。

03 クイッククランプをハンドルバーにセット。フックを掛け中間位置までテンションを掛けた時点で調整ボルトを締めつける。

04 クランプは調整ボルトをある程度奥まで締め込んだ位置で行う事。クランプしても固定が決まらないなら再度調整を。

スマートフォンのサイズに合わせ右側のスライドウイングを選択。横幅はスライドベースの差し替えで55～85mmまで対応が可能。

05

177

昭和、平成、令和を駆け抜けた、「SR」というオートバイ

本書のテクニカルな記事において全面的に協力頂いたのが、ナインゲート
代表の細井啓介氏。メカニックとして数多くのSRに接してきた細井氏に、
最後に改めてSRというバイクの魅力について振り返ってもらった。

文＝細井啓介（ナインゲート）

ヤマハの「SR」は、1978年の初期型からふり返る事、実に43年という長きに渡り生産され続けてきた超ロングセラーモデルだ。これまでにさまざまなオートバイが各メーカーからリリースされて来たが、3つの元号を跨いで生産され続けたオートバイはなかなか無い。アフターマーケットからのパーツの充実等も手伝い、カスタム趣向のライダー達を魅了し、彼らが支え続けてきたのも大きな要因の一つである。

「SR」というオートバイは、多くのライダーに愛され続けてきた。多種多様なカスタムスタイルが存在する「SR」だが、排ガス規制とともに一度ラインナップから消え、2010年にフューエルインジェクション（以下FI）が導入され復活した。その後もさまざまな規制をクリアしながら今日に至り、惜しまれつつも、ついに2021年モデルをもって生産終了となった。

今回は、私自身が所有するFIモデルの2014年式SRに乗って、改めて感じた事を書きたいと思う。

まず、FIモデルとキャブレターモデルを比較した場合、その魅力は以前のキャブレターモデルと遜色ないまでの乗り味だと今回改めて感じる事ができた。最高出力はキャブレターモデルと比較した場合、確かに数値の上では落ちているものの、実用速度域での加速感や目標速度までの到達時間等はインジェクションモデルの方が楽しいのではないかと思うくらいだ。また、エンジンの始動性の良さに加え、ブレーキやクラッチ等全てにおいて非常にコントローラブルであり、乗る事に対して一切の気負い無く走り出す事が出来るというのは、一見当たり前の事だが、とても大切な事だと思う。

キャブレターモデルの時には存在しなかった、各種センサー類の見事な仕事ぶりが始動直後から感じられる。吸気温度補正、エンジン温度補正によりアイドルアップを自動的に行うため、もちろんチョーク等も存在しない。スロットルポジションセンサーがスロットル開度を読み取り、的確なインジェクターへの吐出量、吐出時間と点火時期を導き出しているのが、走っているとエンジンフィーリングから伝わってくる。どの回転域からでも、どのスロットル開度からもストレスなく吹けていく。

今回、本誌の監修を務めるにあたり、その本質を改めて探るべく急遽、房総半島を約半周するショートツーリングを敢行してみた。そして改めて感じた事は、「SR」というオートバイの素性の良さと、FIシステムの見事な調律だった。1978年のデビューから大きく変更点のない基本設計のエンジンと、現代のシステムが見事に調和しているのは流石と言うべきだろう。

走っていてふと思った事が、「あれ？　時速30kmってこんなに楽しかったっけ？」という事である。とにかく低速走行をストレスに感じない。ツーリング先でよくある出来事として、前の車に追いついてしまうシーンがあると思う。そういう場合、どうしても低速走行を強いられてしまう。私自身、大型マシンも所有しており、大型マシンの場合は、細かいコーナーが連続して続く峠道や市街地での走行では、車体の重量も感じやすく、またスロットルもほとんど操作する事が出来ないため、いささか疲労を感じてしまう。それがSRだと楽しいというか、心地良いと感じられる。まるでSRが「そんなに急いでも、たいして到着時間なんて変わらないよ。それよりちょっと横を見てみなよ。海がキレイだよ。」と語りかけてくるように、SRはビッグシングル特有のトルク特性でスロットルをパーシャルの状態でも安定して引っ張っていってくれる。30km/hなら30km/hで、周りを見渡して景色を楽しむような走り方に変えてもギクシャクする事なく「トコトコ」と走ってくれるようなマシンは、SRくらいではないかと思う。

ナインゲート 代表
細井啓介 氏

ダメなものはダメとはっきり言える、今では数少ない硬派な兄貴肌。丁寧かつ論理的な仕事ぶりを頼り、ショップを訪れる人は後を絶たない。

そんな扱いやすいSRだが、峠を気持ちの良いペースで走る場合も乗り手の期待にしっかりと応えてくれる。スロットルワークとリヤブレーキを積極的に使っていくと、軽い車体を武器に、スイスイとコーナリングしていく。コーナーの先のRがきつくなっているような場面でも、リヤブレーキを少し当てながらのスロットルワークで簡単にバンクを修正してクリアできる。

現代のスーパースポーツ系モデルと比較したら、お世辞にもしっかりしているとは言い難い足回りなのだが、これが逆に良く動いてくれ、ライダーへのインフォメーションが非常に判りやすい。荷重コントロールが簡単で、決して速度領域は高いとは言えないものの、充分にオートバイに乗って操る楽しさを感じる事ができる。「乗っている」「操っている」感をとにかく他のマシンより多く感じ取れる。

ところで、「SR」はSingle Road Sportsの略だという事をご存じだろうか？ だったら「SR」じゃなくて、「SRS」じゃないかと言いたくなるが、SRは上記の略だという。このビッグシングルエンジンで、スポーツしている感を全身で感じる事が出来るのがSRだ。スロットル操作に対しても唐突にトルクが発生するわけではないのだが、レブリミットの7,000rpmまでしっかりと回り、自分の手中で扱いきれるパワーと相まって、スポーツしている感もしっかりと味わわせてくれる。

私のSRは、シートとマフラーをカスタムしている事もあるのだが、歯切れの良い排気音がとても心地よく、また硬めのシートにする事でリヤの接地感をより感じやすいようにしているので、コーナーがとにかく楽しい。リーンインの姿勢を取る事なく、リーンウィズのまま漂漂とコーナーをクリアしていく。アップハンドルとミッドステップが、自然とニーグリップの基本姿勢に導いてくれる。スロットルのオン／オフでコーナーを右へ左へとパスしていくと排気音も手伝ってか、まるでダンスをしているかのようなリズム感で峠を走れる。ヘルメットの中のスピーカーからはビリー・ジョエルのピアノマンが流れている。曲調にとても合う情景と速度感が、更に楽しさを増してくれる。もっとこの時間を楽しんでいたい。気負いする事なく、自分のペースで好きな曲を聴きながら幾多のコーナーを流していく。何とも言えない愉悦感に浸りながら、この上ない贅沢な時間をSRと過ごしている。

どこも突出した性能が無いように見えるが、乗りこなすにはやはり奥深さもあり、そこがまた面白さでもあったりする。もちろんコレには、キチンとしたメンテナンスが施されている事が大前提で、各部がキチンと機能する事が必須条件である。シンプルなシャシー構成故に、メンテナンス不足等が顕著に出やすい側面もある。シンプルなシングルディスクブレーキは、フローティングマウントではないソリッドマウント。加えてピンスライドキャリパーも動きが悪ければ、フロントブレーキは使い物にならない。リヤブレーキも放熱性は決して良いとは言えないドラムブレーキ。等々。シンプルが故に、各部がキチンと仕事をしていないと気持ちよく走れないのがSRでもある。

プライベーターでも比較的メンテナンスしやすい、シンプルなメカニズムである事も、きっと多くのライダーに支持されてきた大きな理由の一つであると私は思う。シンプルであるという事は、多くの人に支持されていくのに必要な要素なのかもしれない。釣りに関して言うと、「フナ釣りに始まり、フナ釣りに終わる」という、シンプルの大切さ、奥深さを具現化した言葉がある。これをSRに置き換えれば、「SRに始まり、SRに終わる」とでも言うべきだろうか。シンプル故に、誰でも受け入れる間口の広さは構えつつ、奥に行けば行くほどにその深さと愉しさを知る事が出来る。つまり飽きないのだ。

本書では、インジェクションモデルのSRに特化し、各部のメンテナンスを極力判りやすく解説したつもりです。今後、読者の皆様が末永く、楽しいSRライフを歩んでいく上で、本書をお役立ていただければ幸いです。

SHOP INFORMATION

SR乗りの様々な思いを、確かな技術と丁寧な作業で受け止める

本誌監修の細井氏が代表を務めるのが、東京都東久留米市にあるナインゲート。日常的なメンテナンスから車検、カスタマイズまで、SRに関してあらゆる角度から対応可能な頼れるショップだ。すべての業務を細井氏が一人で対応しているので、来店の際は必ず、一度連絡してから訪れるようにしたい。

ナインゲート

東京都東久留米市南町4-2-8 1F

Tel:042-455-6985

URL:https://9gate.shopinfo.jp/

営業時間:10:00～19:00　定休日:木曜日

最新アドオンモジュールで
もっとSRを楽しもう！

インジェクション化により、燃料に対するセッティングにハードルの高さを感じているのなら、ぜひ体験してもらいたいのが今回紹介する「ラピッドバイクEASY」。カプラーオンで装着可能なアドオンモジュールの可能性を実際に検証してみよう。

協力＝RAPIDBIKE-JAPAN(JAM co.,ltd.) https://rapidbike-japan.com/

インポーターが語る、アドオンモジュールの詳細とは？

ラピッドバイクEASYについて話す前にFI、いわゆるインジェクションとキャブレターの違いについて簡単に説明しておきましょう。単純に、機械的に燃料を調整するのがキャブレター、電気的に制御するのがFIと言えばそれまでですが、同じ燃料供給に関して、エンジンが負荷を発生させて燃料を吸い上げるのがキャブレター、回転しているエンジンに燃料を吹き込んでいるのがFIです。結果としてエンジンに燃料を送り込むという作業は同じですが、基本的な立ち位置が異なるという事を把握しておくと、インジェクションにおけるセッティングが理解しやすいと思います。ひらたくいえばFIはエンジン側の負荷を感じていません。エンジンが回転さえしていれば燃料は吹き込まれます。ここがFIのメリットでありセッティングを分かりにくくするポイントになります。燃料が薄くても濃くても、こんなものかなというフィーリング。

マフラーを交換しても、とりあえず走ってしまう。見えるものでは無いだけに、"これでいいのかな"と乗り手も何となく納得したり、逆に"大丈夫なのかな"となったりしてしまう。つまり何か手を加えた際にキャブレターならバランスを崩すシチュエーションでも、FIの場合は本来あるべき姿ではないにも関わらず走れてしまう、という所が問題といえるでしょう。

先にネガなイメージを挙げてしまいましたが、FIの場合、デジタルだけに都度、その回転域に対して必要な燃料をコントロールできる。無駄な燃料の使用も制限でき、それ故に乗り味も滑らかになる等、メリットはたくさんあります。ただ、燃調に手を加えようかなと考えた時、乗り手側としてもよく分からないし、誰かに明確な説明もしてもらえない。さらにはFIなら大丈夫という根拠のない理由で自分を納得させる等、こうした分かりにくさがFIのバイクは触れない、手を入れづ

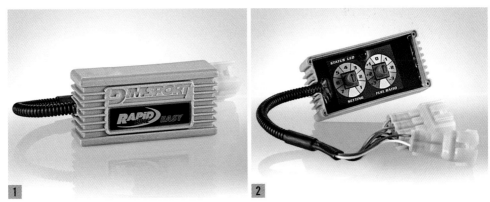

1. ラピッドバイクEASYはアドオンモジュールのみの構成。装着はカプラーをノーマルO₂センサーに割り込ませるだけというシンプルさ。ノーマルエンジンから公道走行可能なマフラーを装着した車両までがターゲットとなる。ソフトウェアもPCも必要ないので装着直後からその違いを実感可能。
2. SRに対する基本的なセットアップがプログラムされているが、セッティングを微調整したい場合はモジュール裏側のダイヤルで変更が可能。またモジュール本体は防水仕様なので、コンパクトなサイズや専用に用意されるハーネスと合わせ、取付位置の自由度が高いのもポイントといえるだろう。

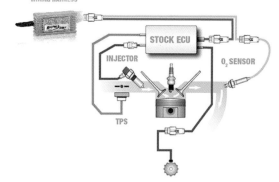

RAPID BIKE EASY
WIRING HARNESS

STOCK ECU

INJECTOR

O₂ SENSOR

TPS

取付けはSR用にプログラムされたモジュールを、ノーマルO₂センサーにカプラーオンで割り込ませるだけ。特別なソフトウェアも必要ないというのもラピッドバイクEASYの魅力。一般的には吸気温度センサーに割り込ませるコントローラーが多いが、ラピッドバイクEASYにおいては、理論空燃比を維持するようセンサーからのフィードバック制御を行う、クローズドループエリアに入り込んで制御するのが大きな特徴だ。

らいといった印象を与えるのだと思います。そして、そういったカスタマイズにおけるFIのネガなイメージを変えるのが、ラピッドバイクEASYです。その名の通りカプラーオンで割り込ませるだけの手軽さで、燃料のコントロールが可能。PCも不要で、ベースのセットアップを基本に本体側で微妙なアジャストもできるアドオンモジュールです。そのシンプルさに加え、多くのコントローラーが吸気温センサーに割り込み、その温度に対して燃料の調整をするタイプが多いのに対し、ラピッドバイクEASYは、O₂センサーをクローズドループ内で制御する事で、ECU本体からの信号をコントロールする点が大きなポイントです。エラーを出さずECUに燃料の噴出量を変更させるという、技術的に非常に高度な事を、ごく簡単にセットアップ可能な点が大きな特徴です。

　難しい話は抜きにして考えると、ユーザー側のメリットはそのバイクの持つポテンシャルをしっかりと発揮できるという事でしょう。様々な規制に対応した最近のエンジンは、基本的に燃料を薄くする方向で制御しています。そこでO₂センサーからの信号をコントロールし、燃料を濃くする方向へ制御する事で、押さえ込まれていた本来の性能を引き出すというわけです。これはつまり、規制で押さえ込まれたノーマルエンジンに有効という事。ここがこのラピッドバイクEASYならではの面白味でしょうか。とかくパフォーマンスアップには、吸排気系のモディファイが第一歩といえましたが、現代においては様々に課せられた規制を取り払う事が、まず最初にするべきテーマといえるのではないでしょうか。FIになってから手を加えにくくなったと感じているベテランから、SRを購入して自分好みに仕上げたいが、どこから手を付けていいか分からないと考えているビギナー、そういった方々にこそ是非、ラピッドバイクEASYを試して頂きたいですね。とにかくノーマルのECUでは出来ない事が、手軽に実感できます。難しい事を考えずにFIをもっと楽しみましょう。きっと新しい発見があると思います。

有限会社JAM 代表
成毛浄行 氏

キャブレター、FI問わず豊富なノウハウを持つJAM代表。多数手掛ける海外ブランドも輸入するだけではなく、開発に関しても深くコミットする。

ノーマルから車検対応のマフラー装着にマッチしたEASYに対し、ラピッドバイクEVOは専用のソフトを用いてプログラム可能なワンランク上のモジュール。さらにサーキット走行における豊富なセッティングやチューニングエンジンに対応しているのが、最高峰グレードのラピッドバイクRACINGだ。

ダイナモと実走で、その効果を検証

今回はラピッドバイクEASYの実力を知るため、実際にSRに装着し実走とダイナモメーターによる検証を行ってみた。EASYの装着はその名の通り実に簡単で、右写真のようにエキゾーストパイプからのO₂センサーにカプラーオンで割り込ませるだけ。メインモジュールはマフラー交換時の微調整を考慮し、ステアリングポストに仮止め。メインモジュール自体はコンパクトなので、最終的にはシート下等に収めればよい。

パワー計測を行ったダイナモメーター「DynoBike」も、今回お世話になったJAMの成毛氏が販売を手掛ける。こうした機器での計測もキャブレター車とFI車では、機器自体の異なる仕様、ノウハウが必要だという。特に"リターダー"という負荷を掛ける装置のない旧式ダイナモメーターでは、FI車においては正確なパワー計測は不可能だそう。JAMではこのDynoBikeでダイナモメーターはすでに3台目になるという。

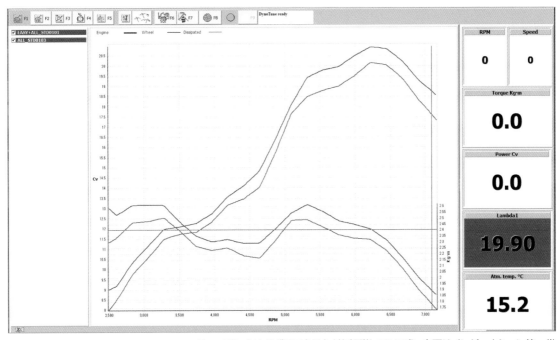

DynoBikeによるグラフを見ながら解説していこう。車両はインジェクション第一世代のRH-03J。グラフは赤がノーマル、青がEASY装着車だ。全域に渡りパワー・トルク共にEASY装着車が上回っている事がわかる。数値にして1PS、1kg程の違いだが、ノーマルの燃調の薄さが、乗り比べてみると感覚として十分体感可能だ。

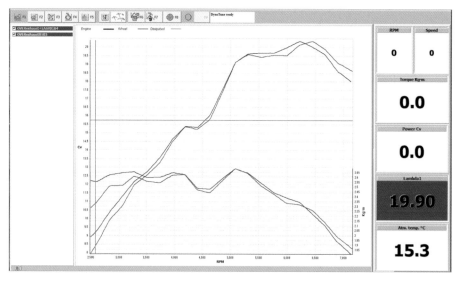

こちらはOVER製フルエキゾースト、SSメガホン装着車。ピークは大きく変わらないものの、EASY装着車のパワーの発生域の広さと、低回転域でのトルクの太さが際立つ。実走でもその印象は強く、トップ1,500回転という積極的に使いたくないレンジからでも、スロットル操作のみで走行が可能だった。

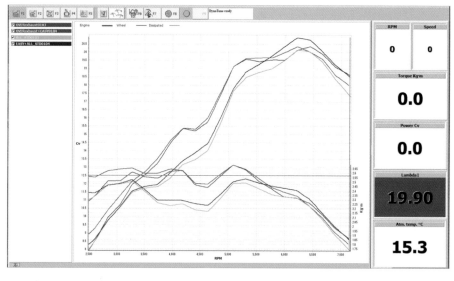

最後は4仕様のグラフを全て重ねて見た。実走ではやはりEASY装着車がいずれも質感がワンランク向上。特にノーマル車の場合、中域の不感帯が減り滑らかさがアップ。OVER装着車は、それだけで燃料の薄さを上手くカバーしていた事に加え、EASYの装着でよりマッシブな乗り味へと変化した。

SHOP INFORMATION

ライダーの好奇心を満たす数多くの海外ブランドを取り扱う

　カスタムショップという枠を大きく超え、数多くの海外優良メーカーのパーツの輸入、販売を手掛けるのが、成毛氏率いるJAM。イタリアのDiM SPORTやドイツのWössner Pistonsをはじめ、手掛けるブランドはまさにワールドワイドだ。現在ショップでのサービスは完全予約制。詳しくはHPを参考に。

JAM co.,ltd.

埼玉県川口市江戸1-8-9 1F

Tel048-287-9673

URL:https://jam-japan.co.jp/

営業時間:平日10:00〜15:00　土日祝 10:00〜17:00

定休日:火・水曜日・イベント出展日・定休日と重なる祝日

YAMAHA
SR400 FI MODEL
CUSTOM PARTS
CATALOG

ヤマハ SR400 FIモデル カスタムパーツカタログ

FI化や年々厳しくなる各種の規制により、SR におけるカスタムの方向性は狭まりつつある。しかし、各種のメーカーがユーザーをバックアップするカスタムパーツは依然豊富に揃っており、ユーザーは時代に合ったカスタムを楽しむことができる。ここでは、その様なカスタムパーツの数々を紹介しよう。

WARNING 警告

● 掲載されているパーツのご購入に際しては、販売元のメーカー・ショップ及び販売小売店などで、対応（適合）年式、価格、在庫などの情報を必ず事前にご確認ください。パーツの購入、装着、およびその性能に関する損害などについて、当社ではその一切の責任を負いかねます。

● 本書は、2022年3月31日までの情報で編集され、一部、販売終了している商品も掲載しています。本書に掲載している商品やサービスの名称、仕様、価格などは、製造メーカーや小売店などにより、予告無く変更される可能性がありますので、充分にご注意ください。

● 価格はすべて消費税（10%）込みです。

ハンドル周り

ライディングスタイルを変えるハンドル及び、その交換に必要な各種ケーブル類等を紹介する。

スパローバー
取り付け方を変えることでボバーやノスタルジックなスタイル、カフェレーサーと、様々なスタイリングを選べるハンドル。素材は高級感のある輝きを放つ上質なステンレスを採用する。
GOODS　¥9,818

アーバンスクランブラー
程よい高さ・広さのハンドルと、あえて長めに設定したヴィンテージ感漂う取り回しの各種ワイヤー・ブレーキホースのキット。
アルキャンハンズ　¥18,876

70'sハンドル GT750タイプ
"ウォーターバッファロー"の異名を持つスズキの名車、「GT750」タイプのハンドルバー。高品質なクロームメッキ仕上げの汎用品。
デイトナ　¥6,050

70'sハンドル ZⅡタイプ
"ZⅡ"の愛称で絶大な人気を誇る、カワサキ「750RS」タイプ。シリーズ中最も幅広なハンドルは、おおらかなポジション作りに最適。
デイトナ　¥6,050

70'sハンドル マッハⅢタイプ
ZⅡと並ぶ人気モデル、カワサキ「500SS マッハⅢ」タイプ。スポーティーな乗り味を生み出す、シリーズ中最も低い寸法が特徴となる。
デイトナ　¥6,050

70'sハンドル XS1タイプ
"ペケエス"の愛称で親しまれるヤマハ初の4ストモデル、「XS1」タイプのハンドルバー。共通する軽量スリムな車体のSRにもベストマッチ。
デイトナ　¥6,050

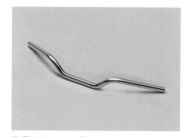

ステンレスハンドル コンチタイプ
クラシカルなSRにマッチする、オーソドックスなバーハンドル。ステンレス製バフ仕上げで、ルックスも大きく向上。
デイトナ　¥6,380

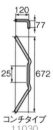
コンチタイプ
11030
120 / 77 / 125 / 672

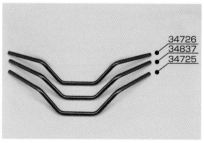

34726
34837
34725

	ダートラバー 855 34726	ダートラバー 830 34837	ダートラバー 75· 34838
	169 / 111	213 / 105	181 / 105
	146 / 855	130 / 830	130 / 754

ダートラバー
ダートラ系スタイルのカスタムに最適な、表面ブラック塗装仕上のダートラバー。本格ダート走行にも対応する充分な強度を持つ、ハイテンションスチール管を採用。全3タイプから好みの1本を。
デイトナ　各¥3,850

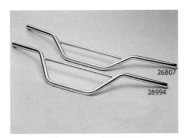

スクランブラーアップハンドル

ブレースバーが一体のアップバー。ロードスポーツをベースに仕立て上げる、昔ながらのスクランブラースタイルカスタムに最適。

デイトナ　各¥6,270

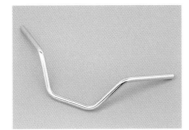

スーパーバイク 125mm アップバー

キツめの絞りと 125mm というアップ仕様が特徴のハンドルバー。王道のカフェレーサー系カスタムと違う路線を目指すならこの 1本。

デイトナ　¥5,500

スワローハンドル

ステムクランプで手軽にスポーティーなポジションが得られる、SR の定番カスタムハンドル。全幅645mm、高さ 35mm、絞り角 43°。

ハリケーン　¥5,060～5,500

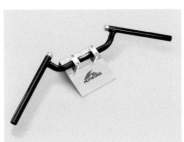

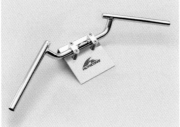

SW コンドルハンドル

全幅685mm、高さ 60mm、絞り角 35° という、「スワローハンドル」と「コンドルハンドル」の中間的なスペックのハンドルバー。ブラックとクロームメッキの 2種類から選択可能。

ハリケーン　¥5,940～6,380

コンドルハンドル

全幅645mm、高さ 80mm、絞り角 45°。同じハリケーン製の「スワロー」、「SW コンドル」の各ハンドルは共通して、純正ケーブル・ホース類のまま装着が可能。

ハリケーン　¥5,500～5,940

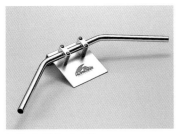

フラット 3型ハンドル

全幅665mm、絞り角 36° で高低差はゼロという、文字取りのフラットバーハンドル。長年に渡り SR ユーザーに支持される 1本。

ハリケーン　¥3,080～3,520

フォワードコンチ 1型ハンドル

全幅680mm、高さ 50mm、絞り角 47°。クラシカルな雰囲気とスポーティーなポジションの両立を望むオーナーにお勧め。

ハリケーン　¥3,960～4,400

セパレートハンドル TYPE I

フォーククランプで角度調整が自在なセパレートハンドル。本格的なカフェレーサースタイルを目指すにはステップやシートとのバランスも重要なため、トータルでセットアップ可能なオーナー向け。

ハリケーン　¥14,300～15,400

200アップ 1型ハンドル SET

全幅720mm、高さ 200mm、絞り角 56° というスペックのアップハンドルに、装着に必要なケーブル・ホース類一切が付属するセット。

ハリケーン　¥22,880

トラッカースペシャルブリッジ付
ハンドル SET

全幅 785mm、高さ 95mm、絞り角 24°の、ブリッジ付きのトラッカーハンドル装着セット。

ハリケーン　¥23,980〜24,420

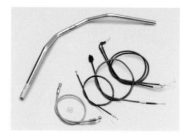

トラッカー HIGH ハンドル SET

全幅 820mm、高さ 95mm、絞り角 37°というワイドなトラッカーハンドルと、装着に必要なケーブル・ホース類一式が揃ったセット。

ハリケーン　¥22,660〜23,100

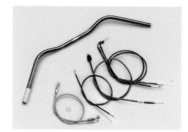

ワイドローオールド 1型
ハンドル SET

全幅 780mm、高さ 50mm、絞り角 46°のハンドルバー装着セット。

ハリケーン　¥22,660〜23,100

EFFEX SR500レプリカキット
スチールメッキ

往年の SR500 のスタイルを再現する、ケーブル・ホース類が一式となったハンドルキット。

プロト　¥18,480

ハンドルストッパー ブラック

セパレートハンドル装着時、ハンドルのタンクへの干渉を防止するストッパー。ハンドルロックの使用が不可となるため、別途対策が必要。

キジマ　¥1,980

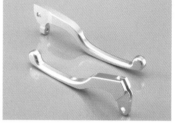

ショートリーチレバー

レバーとハンドルグリップを近づけることで、より繊細なコントロールを可能にするリプレイスレバー。女性等、手の小さい方に最適。

キタコ　¥8,250

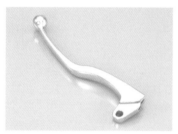

K-Pit 左側レバー

純正互換パーツとして利用できるクラッチレバー。万一の転倒時等にレバーが欠損した際、代替品と重宝する。購入時は適合を要確認。

キタコ　¥1,320

K-Pit 右側レバー

左記「左側レバー」同様、純正互換パーツとして利用できるブレーキレバー。ロングツーリング時、車載工具と共に装備していると安心。

キタコ　¥1,210

ロングクラッチケーブル

社外ハンドル導入時に役立つ、純正比 150mm ロングタイプのクラッチケーブル。同じデイトナ製のハンドルであれば概ねカバーできる。

デイトナ　¥2,090

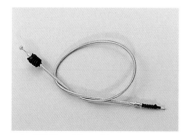

ロングクラッチケーブル

アウター長 1,120mm、純正比 150mm ロングのクラッチケーブル。トラッカーハンドルやワイドハンドル等の装着時に役立つ。

ハリケーン　¥3,520

ショートクラッチケーブル

セパレートハンドル装着時等に必須となる、アウター長 870mm、純正比 100mm ショートのクラッチケーブル。

ハリケーン　¥2,200

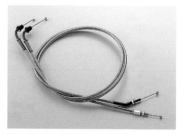

ロングスロットルケーブル W

アウター長 1,130／1,140mm、150mm ロングのスロットルケーブルセット。キャブ車用とは仕様が異なるので、購入時は要注意。

ハリケーン　¥7,150

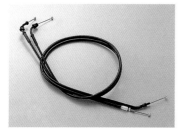

ショートスロットルケーブル W

アウター長 880 ／ 890mm、100mm ショートのスロットルケーブルセット。ロングと同様、購入時は適合を確実に確認すること。

ハリケーン ￥4,620

ロングデコンプケーブル

デコンプ機構を備えた SR にとって、ハンドル交換時の必須アイテムとなる 120mm ロングタイプのデコンプケーブル。

デイトナ ￥1,650

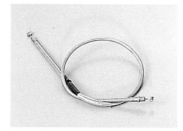

ロングデコンプケーブル

アウター長 820mm、150mm ロングのデコンプケーブル。アップハンやワイドハン等、純正と大きく仕様の異なるハンドル装着時に。

ハリケーン ￥2,970

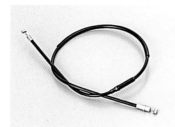

ショートデコンプケーブル

アウター長 570mm、100mm ショートのデコンプケーブル。ショートクラッチ・スロットルケーブル同様、セパハン装着時の必須アイテム。

ハリケーン ￥1,980

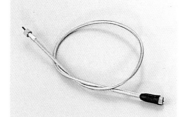

スピードメーターケーブル

アウター長 930mm、50mm ロングのスピードメーターケーブル。メーターマウント位置の変更時や、純正リプレイス品として活躍する。

ハリケーン ￥3,080

SR 専用 ハンドルホルダー H40

ハンドルのマウント位置をノーマル比 15mm アップできる、アルミ削り出しのハンドルホルダー。純正ハンドルはケーブル類の交換不要。

ハリケーン ￥7,150

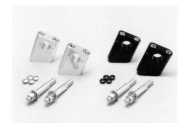

SR 専用 ハンドルホルダー H45

ハンドルのマウント位置をノーマル比 20mm アップ、17mm バックするハンドルホルダー。純正ハンドルはケーブル類の交換不要。

ハリケーン 各￥8,250

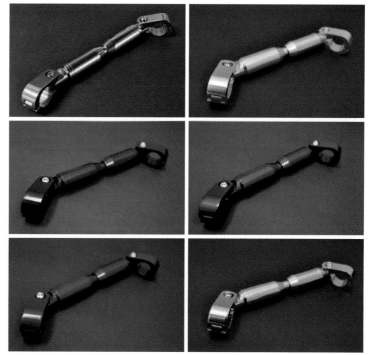

メッキハンドルホルダー

ハンドル周りを手軽にドレスアップできる、クロームメッキ仕上げのハンドルホルダーアッパー。ボルトとメッキプラグが付属する。

ワイズギア ￥4,180

アジャスタブルハンドルブレース タイプ S

200mm ～ 260mm まで可変する、伸縮自在のハンドルブレース。センターバーは 22.2mm のハンドル径で、スマホホルダーや USB 電源等の装着が可能。軽量なアルミ製・アルマイト仕上げで、カラーはゴールド、シルバー、ブラック、レッド、ブルー、メッキの各色が揃う。 アルキャンハンズ 各￥5,687

クランプバーブラケット ミラーホルダー用

ステーの上下を入れ替えるとオフセット方向が変わり、ネジ止めのバーを好みの位置に固定できる取付自由度の高いクランプバーキット。バーの直径は汎用性の高い22.2mmで、バー部はアルミ削り出しのアルマイト、ステーはスチールのブラック塗装仕上げ。全3色設定。　アルキャンハンズ　¥2,662

クランプバー ショート

左右のミラーマウント部に共締めで取り付けるクランプバー。写真のクロームメッキの他、ブラックもラインナップする。

ハリケーン　¥2,100

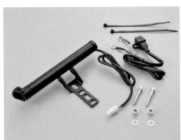 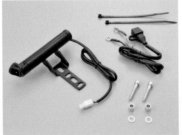

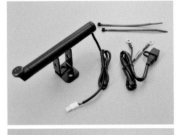

マルチバーUSB電源 5V2.1A マスターシリンダークランプタイプ

スマホやグリップヒーター等への給電に便利な、USBソケットが組み込まれたマルチバーホルダー。マスターシリンダーに組み込む汎用品で、全長155mmのスタンダードと100mmのショートがある。

デイトナ　各¥5,280

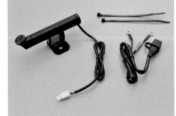

マルチバー USB 電源 5V2.1A ステムクランプタイプ

セパレートハンドル装着車でも導入しやすい、ステムクランプタイプのUSB内蔵マルチバーホルダー。全長と高さが異なる2種をラインナップ。取り付けには別途、同社製のマウントキットが必要となるので注意。

デイトナ　各¥5,060

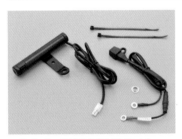 

※防水キャップ

マルチバー USB 電源 5V2.1A ミラークランプタイプ

ミラー取付部に装着するタイプのUSB内蔵マルチバーホルダー。M10・M8ミラーに対応。

デイトナ　¥5,060

クランプバー ショート USB 電源付

スマホ等の充電に便利なUSB電源が付属する、ミラーマウント部に共締めで取り付けるクランプバー。クランプ有効長は68mm。

ハリケーン　¥5,200

電源取出しハーネス

スマホ等の電源確保に欠かせないアイテム。指定のカプラーに割り込ませるだけでアクセサリー電源（＋）を取り出せる専用設計。

キタコ　¥880

USB 電源

バッテリーから電源を取り、スマホやナビ、グリップヒーター等に電力を供給できるUSB電源キット。USBポートを2つ備えた汎用品。

キタコ　¥2,728

バイク専用電源 スレンダー USB

スイッチボックスとレバーホルダーの間に装着できる、コンパクトなUSB電源。USBタイプ、出力、ポート数が異なる各種をラインナップ。

デイトナ　¥3,960〜4,620

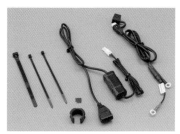

2.1A バイク専用電源
（USB TypeA 1ポート）

最大 5V2.1A の出力を確保した USB 電源。電源差込口に防水キャップを採用した安心設計。

デイトナ ￥2,420

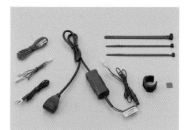

2.4A バイク専用電源
（USB TypeA 1ポート）

5V2.4A という高出力の USB 電源。メインキー連動でバッテリー上がりの心配も無い。

デイトナ ￥3,300

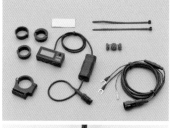

デジタル電圧計＆USB電源 TypeA
「e+CHARGER」

QC3.0対応で最大 18W の出力を可能とし、バッテリー入力電圧と USB 出力電圧／電流を切り替えて表示できる便利な USB 電源。

デイトナ ￥5,280

バイク用スマートフォンホルダー 3

ハンドルバーやマルチバーに装着する、高度なロック機構を備えたスマホホルダー。工具不要でハンドルへの脱着が容易なクイックタイプ（写真）と、ボルトでしっかり固定するリジッドタイプの 2種。

デイトナ ￥5,280

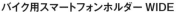

バイク用スマートフォンホルダー WIDE

首振りクランプ採用で幅広い調整が可能な、取付位置の自由度が高いスマホホルダー。上記「スマートフォンホルダー 3」同様、クイックタイプ（写真）とリジッドタイプの 2種をラインナップする。

デイトナ ￥4,730

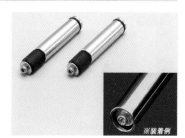

※装着例

インナーウエイトバランサー

内径 18〜19mm のハンドルに適合するインナーウエイト。グリップに伝わる振動の軽減に貢献するアイテム。セット重量は 289g。

ハリケーン ￥1,980

タル型ラバーグリップ
7/8インチ用

純正のスロットルケーブル巻取スリーブを使用して装着する、クラシカルなタル型のグリップ。全長は 133mm で最大径は 40mm。ブラックとブラウンの 2色から選択可能。

ハリケーン 各￥1,650

外装

ルックスや快適性を左右するシートや、ツーリングをサポートするラゲッジアイテム等を紹介する。

GOODSEAT"SLENDER"
スムース
純正品同等かつ、純正タンクにマッチするフィッティングを追求して開発されたシート。
GOODS　¥30,800

GOODSEAT"SLENDER"
タックロール
左記"SLENDER"の座面にタックロールを採用し、よりクラシカルな雰囲気を演出。
GOODS　¥30,800

GOODSEAT"SLENDER"
タックロール　PUNCHING
"SLENDER"タックロールの座面にパンチング表皮を採用した、特別仕様の別注モデル。
GOODS　¥41,800

GOODSEAT"SLENDER"
タックロール　PUNCHING/CARBON
左記モデルの側面にカーボン調の表皮を採用した、スポーティーなイメージの別注モデル。
GOODS　¥41,800

GOODSEAT"SLENDER"
タックロール　VERTICAL
表皮に垂直ラインを採用した"SLENDER"。通常のタックロールとは異なる個性派に最適。
GOODS　¥41,800

GOODSEAT"SLENDER"
タックロール　LEATHER BR/BK
座面をブラウン、側面をブラックに分けたツートーンカラーの"SLENDER"タックロール。
GOODS　¥41,800

GOODSEAT"SLENDER"
タックロール　IVORY
座面にシックなアイボリーカラーの表皮を採用した、"SLENDER"タックロール。
GOODS　¥41,800

GOODSEAT"SLENDER"
タックロール　GENTLE BROWN
落ち着いたブラウン系カラーで表皮をまとめた、"SLENDER"タックロール。
GOODS　¥41,800

タンデムベルト
GOODSEAT"SLENDER"用
これまでに紹介した"SLENDER"シリーズ専用のタンデムベルト。他にブラウンも選べる。
GOODS　¥2,200

ソロシートキット アップタイプ
専用取付ステーで4点留めする、座面の後端が跳ね上がったアップタイプのソロシート。表皮パターンはスムージング、ダイア、ステッチ、タックロールの4種。カラーはブラック、ブラウンの2種。
ウイルズウィン　各¥17,600

ロングノーズソロシートキット

前出の「ソロシートキット」より全長が約45mm長く、ポジショニングの自由度が高いロングノーズソロシート。取付はソロシート同様4点留めで、表皮のパターンはスムージング、ダイア、ステッチの3タイプ、カラーはブラックとブラウンの2色、合計6パターンの組み合わせから選択可能となる。

ウイルズウィン ¥18,700

ソロシートキット フラットタイプ

前出の「ソロシートキット アップタイプ」に対し、座面がフラットなタイプのソロシート。表皮とカラーのパターンはアップタイプと同様の8パターンから選択可能。

ウイルズウィン ¥17,600

DAYTONA COZY
ツーリングダブル

雰囲気のあるロールパターン仕様のシート。ノーマル比約45mmダウン。RH03Jに適合。

デイトナ ¥42,900

DAYTONA COZY
ショートロー

後端を詰めながらもタンデムを可能とする、ショートサイズのローシート。RH03Jに適合。

デイトナ ¥35,200

DAYTONA COZY
ロングライトロー プレーン

ツーリングに最適なノーマル比約35mmダウンのロングシート。RH03Jに適合。

デイトナ ¥37,400

DAYTONA COZY
ロングライトロー ロール

クラシカルなカスタムに最適な、右記「ロングライトロー」のロールタイプ。RH03Jに適合。

デイトナ ¥38,500

ノスタルジックシート ステッチ / ブラック

純正シートカウル&タンクにベストフィットする設計がなされた、'70年代の雰囲気を醸し出すステッチを採用したカスタムシート。

デイトナ ¥44,000

ノスタルジックシート ステッチ / ブラウン

左記「ノスタルジックシート」のツートーンカラーバージョン。どちらも乗り心地の良いウレタン成形シートで、ノーマル比約25mmダウン。

デイトナ ¥46,200

70'sサーフラインシート

'70年代を彷彿とさせるアンコ抜きスタイルを、現代のウレタン成形技術で再現。ノーマル比約25mmダウン。RH03Jに適合。

デイトナ ¥36,300

ローダウンシート
内部に使用するウレタン素材の形状変更により、ライダーの座面で約40mmダウンを実現。ボトムは純正を使用し、防水性も純正と同等。
ワイズギア　¥40,700

シートマウントブラケット
GOODSの"SLENDER"シートシリーズ及び、純正ブラケットを必要とする社外シートに使用する、シート後部取付部のラバーブラケット。
GOODS　¥1,100

カスタムシート取付キット
デイトナCOZY SEATシリーズ及び70'sサーフラインシートをFI前期モデル（RH03J）に取り付けるためのキット。RH16Jは非適合。
デイトナ　¥5,500

タンデムバー
後方への移動や方向転換等、取り回し時の使い勝手も考慮して開発されたタンデムバー。サビに強いトリニッケルメッキ仕上げ。
アルキャンハンズ　¥11,495

リアボックス付きタンデムバー
リアボックスとタンデムバーの同時装着を可能にした便利なアイテム。SHADとCOOCASE、どちらか好みのボックスを選択できる。
ウイルズウィン　¥25,300〜26,400

バックレスト付きタンデムバー
タンデマーが安定し、安心安全なタンデムランが楽しめるバックレスト付きタンデムバー。バー直径は25mmと、握りやすい設計。
ウイルズウィン　¥20,900

アシストグリップ
センタースタンド掛けや車体の移動、荷物の積載に役立つグリップ。純正グラブバーと換装して使用。スチール製ブラック仕上げ。
キジマ　¥2,750

アシストグリップ
シートやリアフェンダーをカスタムした際、純正グラブバーの代わりに装着できるシンプルなアシストグリップ。
デイトナ　¥2,860〜3,630

アシストグリップ
純正のグラブバーを取り外して装着する、シンプルなアシストグリップ。上質なトリプルニッケル・ピュアクロームメッキ仕上げ。
ハリケーン　¥2,200

クラシックキャリア
純正グラブバーと同径のメインパイプを採用した、SRの雰囲気に合うリアキャリア。そのままシートの脱着が可能で、最大積載量は4kg。
デイトナ　¥20,350

リアキャリア
純正グラブバーを取り外して装着する、ボディラインに合わせたコンパクトデザインのリアキャリア。許容積載量は3.5kg。
ハリケーン　¥17,600

ヘプコ＆ベッカー
トップケースキャリア リアラック
トップケースの装着や荷物の積載に活躍。積載重量と耐荷重は共に5kg。RH03Jに適合。
プロト　¥34,100

リアキャリア TYPE2

純正グラブバーと合わせて装着可能な、バフ研磨＋クロームメッキ仕上げの高品質なリアキャリア。最大積載量は 3kg。
ワイズギア　¥22,550

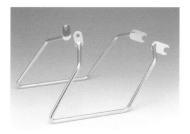

サドルバッグサポート（左用／右用）

サドルバッグの装着時に、タイヤやチェーンへの危険な巻き込み事故を防止するためのサポート。スチール製メッキ仕上げで左右別売り。
キジマ　各¥3,960

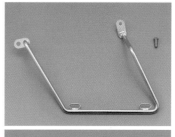

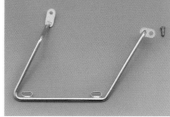

サドルバッグサポート（左用／右用）

サドルバッグの巻き込みを抑止する、サドルバッグ装着時の必須アイテム。デイトナ製クラシックキャリアとの併用は不可なので注意。
デイトナ　各¥4,290

ヘプコ＆ベッカー トップ＆サイドケースキャリア

トップケースに加えてサイドケースの装着にも対応するリアキャリア。RH03J に適合。
プロト　¥51,150

ヘプコ＆ベッカー C-Bow クローム

ヘプコ＆ベッカー製の C-Bow 対応の専用ケース及びバッグの装着を可能にするフィッティングパーツ。RH03J に適合。
プロト　¥28,600

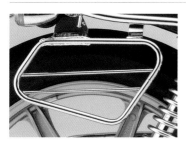

リアサイドガーニッシュ 2

純正グラブバーと合わせて装着可能なリアサイドガーニッシュ。リア周りのドレスアップやサドル・サイドバッグ装着時のサポートに最適。
ワイズギア　¥20,900

ヘプコ＆ベッカー XPLORER トップケース TC45

ツーリングに便利な容量 45ℓのトップケース。アルミ＋強化プラスチックで、重量は 4.8kg。
プロト　¥50,490

サドルバッグ MIL DHS-13/DHS-14

容量 10ℓ、最大積載量 2kg のクラシカルなサドルバッグ。13がグリーン（上）、14がネイビー（下）。サドルバッグサポートとの併用が必須。
デイトナ　各¥7,480

サドルバッグ DHS-19/DHS-18

22ℓと大容量の DHS-19と、タンデムライダーの足元に響かない最少幅、容量 13ℓの DHS-18。どちらも最大積載量は 5kg。
デイトナ　¥18,700／¥16,500

サドルバッグ DHS-4

可変構造で簡単に容量（最大 18ℓ）をアップできるサドルバッグ。左記 DHS-19・18とも、材質は合皮＋1680D ポリエステルを採用する。
デイトナ　¥18,700

サドルバッグ DHS-16
サイレンサーに干渉しない絶妙な高さでデザインされた、容量9ℓ、最大積載量5kgのサドルバッグ。便利なアウターポケット付き。
デイトナ ¥15,400

防水サドルバッグ MIL DHS-9
防水二重構造とファスナー仕様により、高い防水性と使い勝手を両立させたサドルバッグ。容量は8ℓで最大積載量は2kg。
デイトナ ¥8,800

ヘプコ&ベッカー
JUNIOR FLASH サイドケース SC30
容量30ℓ、積載重量10kgを許容するサイドケースセット。同社製のキャリアに適合する。
プロト ¥71,390

ヘプコ&ベッカー
XPLORER サイドケース SC30
p.195の「トップケース」と合わせて使用したいサイドケース。容量30ℓ、積載重量10kg。
プロト 各¥52,470

ヘプコ&ベッカー ソフトバッグ
Street C-Bow用 左右セット
C-Bow専用キャリアに装着する、片側1.7kgと軽量なソフトケース。積載重量は片側5kg。
プロト ¥31,900

ヘプコ&ベッカー ソフトバッグ
Roystrer イエロー zip 左右セット
ジッパー部にイエローのラインを採用した、C-Bow専用キャリア用のソフトバッグ。
プロト ¥40,150

ヘプコ&ベッカー サイドバッグ
Legacy M&M 左右セット C-Bow用
SRにマッチしたクラシカルなキャンバス素材製のサイドバッグ。C-Bowキャリア専用品。
プロト ¥65,450

ヘプコ&ベッカー
サイドケース Orbit
C-Bow キャリア用
左右セット
C-Bow専用キャリアに装着する、強化プラスチック製の軽量・堅牢なハードケース。重量は片側2.4kg、許容積載重量は片側3.0kg。
プロト
¥52,800

アルミタンク
FIモデル用のリプレイス品では希少な、ノートンマンクスタイプのロングタンク。取付可能なシートに制限があるため注意。RH03J適合。
デイトナ ¥184,800

BAGSTER
タンクカバー
タンクを保護しつつ愛車のイメージチェンジが図れるアイテム。専用タンクバッグのベースにもなる。RH03Jに適合。
プロト
¥25,300

SR400 CraftBuild 外装セット

熟練した職人の手による繊細な塗装技術を施した、SR 専用の外装キット。美しいサンバースト塗装タンク、一体色かつ専用エンブレムが配されたサイドカバー＆シートカウルと、タンクに合わせたファブリック調表皮を採用したシートのセット。

ワイズギア ¥148,500

パイプワーク フロントフェンダー KIT

取付位置の上下調整が可能で、ハイトの高いタイヤの装着も許容するボルトオンキット。スタビライザーを兼ねたステーで剛性もアップ。

GOODS ¥16,500

タイトリブ フロントフェンダー

細い縁取りのリブデザインを付けた FRP 製フェンダー。ショートとミドルの 2 パターンをラインナップ。製品は黒塗装仕上げとなる。

GOODS ¥13,200

ステンレスショートフェンダー フロント

ワイドでカールの無い、フロント周りをスッキリと演出するショートフェンダー。素材はステンレスで表面は高質なバフ仕上げ。

デイトナ ¥18,480

LUKE フラットフェンダー FRP

トラッカースタイルのカスタムに最適な、FRP 製のフラットフェンダー。フロントは幅120・長さ410mm、リアは幅150・長さ645mm。

ラフアンドロード F ¥8,580 R ¥10,780

フェンダーレスキット

純正シートや社外製シートに対応する FRP 製ショートフェンダーキット。テールランプやバッテリーインタイプ等、ラインナップも充実。

GOODS ¥14,850～

フェンダーレスキット

SUS304ステンレス材をバフ仕上げした、高級感のあるフェンダーレスキット。ルーカスタイプテールランプが付属し、ボルトオン装着可能。

ウイルズウィン ¥9,900

フェンダーレス KIT FRP

純正の雰囲気を損なうこと無くフェンダーレス化できるキット。FRP製クロゲルコート仕上げでルーカスタイプテールランプ付属。

キジマ　¥10,780

ステンレスショートフェンダー リア
ルーカステール付き

クラシカルなルーカスタイプテールランプ付きのショートリアフェンダー。

デイトナ　¥31,680

ステンレスショートフェンダー リア
テールランプ無し

純正マッドガードを外して装着するショートリアフェンダー。純正テールランプは使用不可。

デイトナ　¥20,350

ハーフリアフェンダー
ルーカステール付き

純正マッドガードを付けたまま装着可能な、スタイリッシュなリアフェンダー。

デイトナ　¥32,780

ハーフリアフェンダー
テールランプ無し

左記「リアフェンダー」のテールランプ無しバージョン。好みのテールランプを合わせよう。

デイトナ　¥22,000

マイクロミニリアフェンダー
リア テールランプ無し

ショートタイプのカスタムシートにマッチする、ステンレス製バフ仕上げのリアフェンダー。

デイトナ　¥20,350

SR400 ブラッククロームメッキセット

クロームメッキにブラックをレイヤーしたような、真っ黒では表現できない映り込みの絶妙な仕上がりを実現。見る角度や光の当たり方で様々に表情を変える、オーナーの所有欲をこれでもかと満たしてくれるワイズギアならではの逸品。

ワイズギア　¥84,700

ボルトオンテールランプキット ルーカス

純正リアフェンダーのR形状に合わせたベースが付属する、スタイリッシュなルーカスタイプテールランプのボルトオンキット。

デイトナ ¥10,450

ボルトオンテールランプキット ムーニー

小型ムーニーテールランプのボルトオンキット。左記同様のベース及び、車検対応の型式認定リフレクターキットが付属する。

デイトナ ¥10,450

アジャスタブルテールランプキット ルーカス

テールランプの角度を調整できる、ルーカスタイプテールランプの取り付けキット。

デイトナ ¥9,350

アジャスタブルテールランプキット ムーニー

角度調整可能なムーニーテールランプキット。カスタムしたリアフェンダーに最適。

デイトナ ¥9,350

ウインカーステーベース

フロントウインカーの交換時、ステムアンダーブラケットに共締めで使用。10mmシャフトタイプのウインカーに対応する。

キジマ ¥1,320

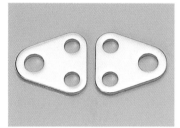

ウインカーステーベース

ステムアンダーブラケットにウインカーを移設するためのベース。ステンレス製バフ仕上げの他、スチール製ブラック仕上げも選べる。

デイトナ ¥1,760

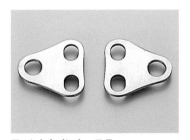

フロントウインカーステー

ヘッドライトステーに装着されたフロントウインカーをステムアンダーブラケットへ移設可能に。ウインカーカスタム時に役立つアイテム。

ハリケーン ¥1,320

車種別スモールウインカーキット（バフボディ / ブラックボディ）

ステーに差し込むタイプのスモールウインカーキット。前後のウインカー4個と専用取付ステーが付属。配線加工が不要の完全ボルトオン仕様。ボディはバフ仕上げとブラックの2種から選べる。

デイトナ 各¥14,850

ウインカー取付バンド

フロントフォークにクランプすることで、フロントウインカーのポジションに自由度をもたらすアイテム。Φ32〜41mmに適合する汎用品。

ハリケーン ¥1,650

汎用クリアフラッシャーセット

クリアレンズにアンバーバルブを組み込んだウインカーアッシー。クラシカルなSRのスタイルにモダンな雰囲気をもたらすアイテム。

ワイズギア ¥6,820

ノーマルライト用バイザー

スチール製クロームメッキ仕上げの汎用ヘッドライトバイザー。バイザー長は55mmで、専用の固定スプリング2個が付属する。

ハリケーン ¥2,750

ブラストバリアー X

スクリーンの上部両サイドにスポイラー形状のウイングを設けた、スポーティーなイメージのスクリーン。3mm 厚の国産ポリカーボネイト素材で、高い透明度と耐久性を両立。スモークとクリアがある。

デイトナ　各¥13,200

エアロバイザー

存在感は控えめながら、程良い防風効果と整流効果をもたらしてくれるスクリーン。素材は厚さ 2mm の国産ポリカーボネイト素材で、スモークとクリアの 2種がラインナップする。

デイトナ　各¥5.390

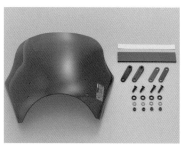

ブラストバリアー

ツーリングから街乗りまで高い風防効果を発揮する、飽きのこないデザインのオーソドックスなスクリーン。材質は上記「ブラストバリアー X」と同様で、スモークとクリアの 2種設定も同様。

デイトナ　各¥13,200

車種専用取付ステー

上記のデイトナ製「ブラストバリアー X」「ブラストバリアー」「エアロバイザー」装着時に必要となる、SR 専用設計の取付ステー。

デイトナ　¥3,300

MRA スクリーンセット
ロードクラシック スモーク

バーハンドルマウントキットが付属する、クラシカルな汎用スクリーン。ロッド長は 20cm。

プロト　¥15,400

ストリームミラー

ラウンドビュー機能付きでミラーに生じる死角もカバーするオーソドックスなミラー。左右共通・個別販売。取付けには要逆ネジアダプター。

キタコ　¥3,080

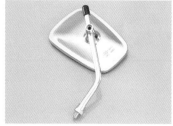

フラットミラー

様々なカスタムハンドルにマッチする、薄型ボディ・スクエアタイプの汎用ミラー。左右共通・個別販売。取付けには要逆ネジアダプター。

キタコ　¥2,640

ゴーストミラー

骸骨の手がボディにあしらわれた、カスタムマインドを刺激する汎用ミラー。'07年の保安基準に適合。ブラックとクロームメッキの 2色。左右 1セットの販売。取付けには逆ネジアダプターが必要。

キタコ　¥9,680〜10,780

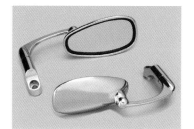

ローアングルミラー オーバル

スワローハンドルやコンドルハンドル等、低めのハンドルにカスタムした際にマッチするローアングルミラー。左右共用で価格は1個。

ハリケーン ¥2,750

ローアングルミラー パパイヤ

左記の「オーバル」に対し、グラマラスなパパイヤ型をしたローアングルミラー。どちらも凸面鏡を採用し、アーム部で角度調整が可能。

ハリケーン ¥3,520

ブルーミラーオーバル2(左右共通)

ライトブルーの鏡面が後続車のヘッドライトによる眩感を低減させてくれるミラー。クロームメッキのボディは左右共通。価格は1個。

ワイズギア ¥3,410

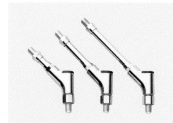

フレキシブルステー

車体に取り付けた後も前後に自在回転可能なミラーステー。高さと側面への張り出しが異なる3種からチョイスできる。価格は1個。

ワイズギア ¥1,650

ミラーアダプター

ヤマハ車特有の右側逆ネジを変換し、一般的な正ネジ汎用ミラーの使用を可能にするアイテム。スチール製・ブラック塗装仕上げ。

キタコ ¥880

ETC ビルトイン・サイドカバー

内側にETC車載器が収められる、ツーリングライダー待望のサイドカバー。ECUがシート裏に移設された2019年以降モデルのオーナーには救世主的アイテムとなる。純正キー使用で防犯性も万全。無塗装、黒塗装の他、一部純正色仕上げもある。

GOODS ¥10,450～26,950

ビルトインサイドカバー右

小物や書類入れ等に使えるスペースを確保したサイドカバー。左記「ETCビルトイン」とセット使用がお勧め。黒塗装と一部純正色仕上げ。

GOODS ¥14,850～28,050

ETC ブラケット3

別体型のETC車載器本体を、車両の左サイドにスマートに固定できるブラケット。SR400専用設計で、汚れから本体を守るカバー付き。

ワイズギア ¥6,600

ショートサイドスタンド

デイトナ製「ローダウンリアショック」を装着した際に必要となる、純正比約−65mmのサイドスタンド。フロント&リアもしくはリアのみのローダウン時の装着を推奨。クロームメッキとブラックの2種。

デイトナ 各¥9,020

サイドスタンド

20mm 迄のローダウンに対応するスタンダードと、20〜60mm ローダウンに対応するローダウンの 2種。高級感のあるバフ仕上げ。

ウイルズウィン　¥8,250

ヘプコ&ベッカー エンジンガード

万一の転倒時、車体やエンジンの損傷を軽減する効果が狙えるエンジンガード。

プロト
¥31,900

KEDO アルミチェーンガードミニ

リアショックの交換時、純正チェーンカバーが干渉する場合に役立つチェーンガード。材質はアルミで、軽量化やルックス向上にも効果あり。

デイトナ　¥8,250

KEDO リアハブダストキャップ

むき出しのリアハブへの、砂やほこりの侵入を防ぐダストキャップ。次のメンテナンス時の作業性向上が図れるため、リアハブ周りを分解整備するのであれば大いに導入を推奨する。

デイトナ　¥2,200

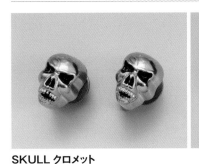

SKULL クロメット

ナンバープレートの固定ボルトや、各種のカスタムで不要になったボルト穴の目隠しに使用できる汎用品。M6ボルト・ナット付属。亜鉛ダイキャスト製で、クロームメッキとゴールドメッキの 2種。

ハリケーン　各¥1,210

イーグルクロメット

左記「SKULL クロメット」と同様の用途に使える、イーグルの頭を象った汎用品。個性的なカスタムに適したドレスアップパーツ。

ハリケーン　¥1,320

メッキプラグセット

ヘキサゴンレンチをかける六角穴がある、ソケットボルト用の装飾キャップ。ドレスアップや六角穴の腐食防止に活用したい。

ワイズギア　¥660〜880

ロッドホルダー TYPE Ⅲ フレーム用

釣り竿をスマートに積載できる、汎用のロッドホルダー。グリップ径 30mm 迄の釣り竿に対応。全長 165mm。

ハリケーン
¥7,480

Intake & Exhaust
吸気&排気

出力特性や排気音を司る吸排気系パーツと、FI車ならではのFIコントローラーを紹介する。

スティックアウトパイプ

張り出したラインが特徴のステンレス製エキゾーストパイプ。純正エキパイとの互換性があり、純正・社外どちらのサイレンサーにも適合。

GOODS　¥24,750

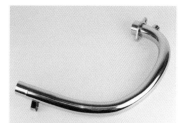

ステンレス手曲げエキゾーストパイプ

柔らかで美しい曲線を描いた、クラシカルなエキゾーストパイプ。ハンドメイドの手曲げ製法による、味のあるデザインが魅力。

GOODS　¥30,800

POWERBOX パイプ

内部に膨張室を設け、感性に働きかける心地よい出力特性とトルク特性を発揮するエキゾーストパイプ。RH03JとRH16Jで個別に設定。

SP忠男　¥46,200～49,830

POWERBOX パイプ ソリッドチタン

左記「POWERBOX パイプ」のソリッドチタンバージョン。軽量さがより軽快な走りを生み、美しい焼け色も楽しめる。RH16Jのみの設定。

SP忠男　¥97,900

POWERBOX サイレンサー

各「POWERBOX パイプ」の性能を最大限に引き出し、心地よいサウンドと共に爽快な走りをもたらす。RH03JとRH16Jで個別に設定。

SP忠男　¥105,600～107,800

スリップオン キャブトンタイプマフラー

SRカスタムの定番ともいえるキャブトンマフラー。RH03Jに適合するFIモデル専用品。

デイトナ　¥48,400

Slip-On PATRIOT サイクロン SM

メタルマジックカバー。低中速域のトルクを向上し、純正比半分以下という軽量化と合わせ軽快な走りを生み出す。RH03Jに適合。

ヨシムラジャパン　¥78,100

Slip-On PATRIOT サイクロン STB

メタルマジックカバーに対して美しいチタンブルーカバーを採用し、さらなる軽量化を果たした。SR専用に設計されたクラシックデザイン。

ヨシムラジャパン　¥80,300

スリップオン メガホンタイプマフラー

後方が僅かにアップした、リバースコーンタイプのメガホンマフラー。RH03Jに適合する。

デイトナ　¥53,900

PRUNUS メガホンマフラー SR400

マフラーチャンバーを設けることで、全域のパワーアップと環境性能を両立したスリップオンマフラー。高品質なニッケルクロムメッキ仕上げ。

ワイズギア　¥79,200

KEDO エキパイ用トルクパイプ

社外エキゾーストパイプ(1重管)の入り口に取り付けることで内径を細く絞り、流速を上げることで出力を向上する。

デイトナ　¥7,700

K-Pit エキゾーストマフラーガスケット

エキゾーストシステムの脱着時に欠かせない専用ガスケット。排気漏れを防ぐため、メンテナンスやカスタム時は用意しておきたい。

キタコ ¥660

マフラージョイントガスケット

エキパイとサイレンサー接合部の排気漏れを防止する、リプレイス用ガスケット。消耗品のため、マフラー脱着時には新品に交換しよう。

キタコ ¥1,980

マフラージョイントガスケット

エキパイとサイレンサーの接合部に使用するガスケット。社外エキゾーストへの交換時や、各種のメンテナンス時に役立つ。

デイトナ ¥1,320

センタースタンドストッパー2

社外品のサイレンサーを導入した際、センタースタンドのサイレンサーへの当たりを防止するアイテム。ストップラバーが付属する。

デイトナ ¥1,210

インジェクタータンク

ノーマルエアクリーナーボックスを外した際、インジェクターバルブの処理におすすめのドレスアップパーツ。

ウイルズウィン ¥7,700

パワーフィルター

純正エアクリーナージョイントへ装着し、吸気効率をアップするエアクリーナー。アルミガード付きで本体を保護する安心設計。

キジマ ¥8,250

ブリーザーフィルターKIT

クランクケースに取り付けるダイレクトマウントタイプのブリーザー。上記「パワーフィルター」装着時に併用。取付径18mmの車種専用設計。

キジマ ¥3,850

DNA モトフィルター

高品質なコットンフィルターと空気抵抗を極限まで抑えるワイヤーが、吸気効率を高める。'10～'17年モデルに適合。

アクティブ ¥9,900

K&N リプレイスメントエアフィルター

吸気効率、出力・トルク向上を目指してデザインされた、純正エレメント交換タイプのエアフィルター。RH03Jに適合(※年式は要確認)。

プロト ¥9,130

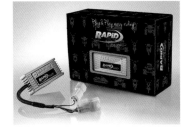

RAPiD BIKE EASY

空燃比をリアルタイムで最適化し燃焼効率を向上、低速～中速域のトルクアップが図れる。詳細は本誌記事を参照。

JAM PSD ¥30,250

RAPiD BIKE EVO

左記「RAPiD BIKE EASY」に対し、SR本来の性能を引き出すさらにきめ細かい制御を可能とするアドオンモジュール。

JAM PSD ¥76,450

i-Con Ⅲ

吸排気チューニング時に吸入空気量信号を補正し、燃料噴射量をコントロールするセッティングツール。カプラーオンで装着可能。

ブルーライトニング ¥60,500

足回り&ブレーキ

SR のフットワークや制動力を底上げし、セッティングの幅を広げてくれるパーツの数々を紹介。

HYPERPRO フロントスプリング

サスペンションの動きに追従して常にバネレートが変化し、あらゆる路面状況に柔軟に対応するフロントフォークスプリング。

アクティブ ¥22,000

ローダウンフロントフォークスプリング

純正スプリングとの換装で、約25〜30mmのダウンを実現。快適な乗り心地を確保するため、実走テストを繰り返して開発された逸品。

デイトナ ¥10,450

HYPERPRO プリロードアジャスター

純正フォークにプリロードアジャスト機能をプラスするアイテム。シーンに合わせた快適な乗り心地のサスセッティングが可能になる。

アクティブ ¥18,150

フォークトップキャップ

簡素な純正ラバーキャップと交換するだけで、ステム周りのドレスアップが図れるアイテム。アルミ削り出しのバフ仕上げで、左右2個セット。

デイトナ ¥2,750

フロントフォークブーツ

耐熱・耐久性に優れた高品質ラバー採用のフロントフォークブーツ。純正品が劣化した場合のリプレイスに最適。2個セット。

キジマ ¥3,300

フロントフォークダストシール

フロントフォークの性能維持に重要なダストシールのリプレイス品。耐熱・耐久性に優れた高品質ラバーを採用。2個セット。

キジマ ¥1,980

HYPERPRO リアスプリング

「HYPERPRO フロントスプリング」同様、快適性、安全性、ブレーキ性能、操作性と、走行における様々なメリットをもたらすリアスプリング。

アクティブ ¥24,200

HYPERPRO コンビキット

「HYPERPRO」のフロントとリアのスプリングがセットになったキット。求めやすい価格で前後足周りをトータルセットアップできる。

アクティブ ¥42,900

HYPERPRO リアショック エマルジョン

日本仕様の設定により、長時間乗っても疲れにくく幅広い調整域を備えたリアショック。

アクティブ ¥137,500

HYPERPRO リアショック ピギーバック

別体のオイルリザーバータンクを備えた、上級グレードの「HYPERPRO リアショック」。

アクティブ ¥184,800

HYPERPRO ストリートボックス ピギーバック

「HYPERPRO」のフロントスプリングとリアショックのセット。エマルジョンの設定もあり。

アクティブ ¥194,700

オーリンズ S36E

高性能サスペンションの代名詞ともいえる、オーリンズのリアショック。S36E はオイル封入式・モノチューブ構造のベーシックモデル。

ラボ・カロッツェリア　¥107,800

オーリンズ S36PR1C1L レジェンド・ツイン

ライダーに寄り添ったあらゆる調整を可能にする、別体リザーバータンク仕様のリアショック。

ラボ・カロッツェリア　¥152,900

アジャスタブルリアショック

プリロードの無段階調整が可能なオールアルミ製軽量リアショック。エンド部にはラバーブッシュを採用し、スポーツ性と乗り心地を両立。

デイトナ　各¥51,700

ローダウンリアショック

純正比約 40mm のローダウンを実現しながらも、ストロークを約 40mm 確保。乗り心地とスタイルを両立する。最大荷重も確保し、タンデムランにも対応する。クロームメッキとブラックの 2 種をラインナップ。装着時は「ショートサイドスタンド」を併用すること。　デイトナ　各¥23,100

NITRON TWIN Shock R1 Series

シンプルながら基本性能を十二分に満たした、ストリート指向のリアショック。ベーシックモデルながら、ダンピングアジャスターを装備。

ナイトロンジャパン　¥115,500

NITRON TWIN Shock R3 Series

外観上の美しさ、軽さ、剛性、放熱性といったパフォーマンスを高度に兼ね備え、完全独立 3 系統アジャスターを搭載したリアショック。

ナイトロンジャパン　¥195,800

NITRON STEALTH TWIN R1 Series

ダンパーロッドまでをブラックアウトした、精悍なステルスツインの R1 シリーズ。

ナイトロンジャパン　¥137,500

NITRON STEALTH TWIN R3 Series

マシンに溶け込む漆黒が玄人好みの、ステルスツイン最高峰の R3 シリーズ

ナイトロンジャパン　¥217,800

キャストホイールセット

SR400SP（'79年）のイメージを踏襲し、大幅な軽量化を果たしたキャストホイール。チューブとチューブレス、どちらのタイヤも装着可能。

ワイズギア ¥154,000

BUILD A LINE ブレーキホース

シンプル・スリムなフィッティングパーツとステンレスメッシュホースにより、ダイレクトなコントロールを可能にするブレーキホース。

アクティブ ¥8,470～12,650

AC-PERFORMANCE LINE ブレーキホース

ローコストで安心・安全・ダイレクトなブレーキタッチを実現するブレーキホースキット。

アクティブ ¥6,050

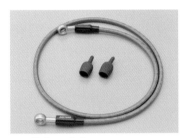

ロングブレーキホース

社外ハンドル導入時に役立つ1,000mmの高性能ステンメッシュブレーキホース。デイトナ製ハンドルバーの多くはこの1本で対応できる。

デイトナ ¥4,400

SURE SYSTEM LINE ステンレスメッシュ

ダイレクトなブレーキタッチを実現する、フルステンレス製のメッシュブレーキライン。

ハリケーン ¥8,580～9,020

SURE SYSTEM LINE ブラック

左記「ブレーキライン」のブラックバージョン。長さは共に純正同等の800mmと、150mmロング、100mmショートの3種から選べる。

ハリケーン ¥10,780～11,220

SwageLine フロントホースキット

ダイレクトなブレーキフィールを実現するステンレスメッシュブレーキホース。フィッティングとホースの組み合わせが異なる、各種カラーがラインナップ。

プロト ¥9,350～11,550

プレミアムレーシング ES401WR

独自のセミオーダーシステムで、ピンカラー・アウターデザインが選択可能。

サンスター ¥46,200

CL ブレーキパッド スタンダード

制動力や耐久性といった性能と価格が程よくバランスした、定番のブレーキパッド。

ザム・ジャパン ¥5,280

トラッドディスク T-71

純正ディスクローターと同寸法で、完全ボルトオン装着が可能。ホールやスリットの無いシンプルなローターは、クラシカルな演出に最適。

サンスター ¥24,200

トラッドディスク T-71H

クラシカルなデザインながら、最新の素材とテクノロジーで作られたディスクローター。純正リプレイス品として確かな定評のあるモデル。

サンスター ¥24,200

エンジン&駆動系

エンジンや駆動系の働きをバックアップするパーツ及び、保守点検に役立つパーツを紹介する。

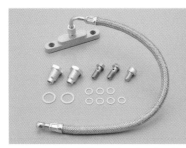

KEDO ツインオイルライン クラシック

純正では排気側ロッカーアームシャフトのみへ接続しているオイルラインを、吸気側ロッカーアームシャフトへ振り分けることで潤滑性能を向上。メッシュホースとブラックホースの2種設定。

デイトナ ¥8,800〜9,900

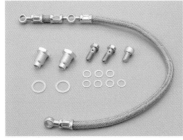

KEDO ツインオイルライン レース

上記「クラシック」に対し、シリンダーヘッドへのフィッティングパーツにバンジョーホースジョイントを用いた「レース」。どちらも「強化オイルポンプ」との併用で、より大きな効果を発揮する。

デイトナ ¥6,600〜7,700

ヴォスナー ピストンキット

品質の高さで定評のある、ドイツWÖSSNER社製のピストン。導入には専門的なノウハウが必要なため、正規取扱店に相談を。

JAM PSD 各サイズ¥28,820

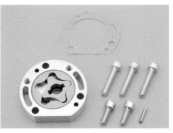

KEDO 強化オイルポンプ

シリンダーヘッドやクランクシャフトの潤滑性能を強化するオイルポンプ。上記「ツインオイルライン」との併用が望ましい。

デイトナ ¥24,200

KEDO タペットカバー

アルミダイキャスト製のクラシカルなフィン付きタペットカバー。カラーはブラック塗装のみで、吸気側・排気側の2個1セット販売。

デイトナ ¥9,900

KEDO オイルフィルターカバー

アルミダイキャスト製のフィン付きオイルフィルターカバー。ドレスアップ効果の他、表面積増による冷却効果アップも期待できる。

デイトナ ¥5,500

KEDO ジェネレーターカバー

アルミダイキャスト製のクラシカルなフィン付きジェネレーターカバー。ドレスアップの他、転倒で傷付けてしまった純正品のリプレイスにも最適。バフ仕上げとブラック塗装の2種設定。

デイトナ ¥18,700〜19,800

タコメーターケーブル

ステンレスメッシュのアウターを採用した、耐久性の高いタコメーターケーブル。アウター長は純正同様580mmで、カスタムや補修に最適。

ハリケーン　¥2,970

KEDO ヘッドマウントデコンプレバーキット

デコンプレバーをシリンダーヘッドへコンパクトにマウントできるキット。ハンドルのデコンプレバーを廃し、スッキリとしたハンドル周りを構築可能。マウント、ケーブル、レバーの一式セット。

デイトナ　¥9,900

パフォーマンスダンパー SR400

走行時の車体の変形及び振動をダンパーで吸収し、乗り心地とハンドリングを向上。四輪高性能車でも定評のあるアイテムの二輪専用版。

ワイズギア　¥30,800

RR ディップスティック油温計

メーター内にオイルが封入された、耐振動性に優れるディップスティック油温計。カラー設定はホワイト、ブラック、レッド、イエローの4色。

デイトナ　¥13,200～18,480

ディップスティック油温計

純正品と換装することで、エンジン稼働時の油温を確認できるディップスティック。表示温度は0～200℃で、Oリングが付属する。

デイトナ　¥5,500

オイルフィルターエレメント マグネットイン

内部に強力なドーナツ状のマグネットを組み込み、オイル内に混じったスラッジを効果的に除去するオイルフィルター。

キジマ　¥1,265

K-Pit オイルエレメント

オイル交換時の必需品となるリプレイスメントオイルフィルター。自らの手でオイル交換に挑む際は、本編を参考に準備しよう。

キタコ　¥1,100

K-Pit O リング

純正部品と同サイズの補修用Oリング。メーカー品番「OY-10」は6.8×2.5サイズで、オイルフィルターカバー取付けボルト用。

キタコ　¥220

K-Pit O リング

上記「K-Pit Oリング」同様の補修用Oリング。メーカー品番「OY-11」は63.5×3.9サイズで、オイルフィルターカバー用。

キタコ　¥286

アルミドレンボルト

軽量高強度アルミ合金採用のドレンボルト。ドレスアップ効果も高いアルマイト仕上げで、先端にはスラッジを集塵するマグネット付き。

キタコ　¥1,320

延長ハーネス

ハンドル交換によりスイッチボックスに接続するハーネスの長さが不足した際、カプラーオンで延長できる専用ハーネス。

ハリケーン　¥3,520

スーパー IG コイルキット

オリジナル設計のスーパーイグニッションコイル及び専用パワーデバイスの採用により、スパーク電圧を約80%アップ。詳細は本誌記事を参照してほしい。プラグコードは赤と黒の2色から選べる。

C.F.POSH　¥30,800

XAM スプロケット フロント

428と520コンバートサイズの設定があるフロントスプロケット。購入時はリアスプロケット、チェーンと合わせ、コマ数や丁数を要確認。

ザム・ジャパン　¥2,750〜3,300

XAM スプロケット 合金製リア

ジュラルミン合金製のリアスプロケット。通常アルマイト・ゴールドのクラシックと、硬質アルマイト・ブラウンのプレミアムから選べる。

ザム・ジャパン　¥8,800〜9,900

チェーン&スプロケット 3点セット KS32405

SR専用の520コンバート3点セット。高速走行を重視したリア3T下げ仕様。

サンスター　¥15,950

チェーン&スプロケット 3点セット KS31303

軽量・高性能な超々ジュラルミン製リアスプロケットとゴールドチェーンのセット。

サンスター　¥22,550

The Other

その他

エンジンオイル交換や各種ワイヤーへの注油に便利なアイテムと、盗難防止ロックを紹介する。

オイルチェンジキット Cタイプ

エンジンオイル交換時に必要なものを一式まとめた、DIYメンテナンスキット。交換必須の消耗部品を含め、安心の純正部品を手軽に揃えられる。

ワイズギア
¥8,470

オイルドレンパン 3.5ℓ

オイル交換時の廃油を受け、処理容器へスムーズに排出できるオイルドレンパン。容量はSRのオイル交換に充分な3.5ℓを確保。

デイトナ　¥1,540

コンパクトシリコンジョウゴ

オイル交換時、新しいオイルを注入する際に役立つシリコン製のジョウゴ。不使用時はコンパクトに畳めるため、保管スペースを犠牲にしない点も優良なポイント。

デイトナ　¥550

ワイヤーインジェクター

クラッチケーブルやスロットルケーブルへの注油時に役立つワイヤーインジェクター。対応アウターケーブル径は 5〜8mm。

デイトナ　¥935

ワイヤーインジェクター ワイドタイプ

左記「ワイヤーインジェクター」に対し、ケーブルを 2ヵ所で押さえ液漏れがしにくいワイドタイプ。対応アウターケーブル径は同じ 5〜8mm。

デイトナ　¥935

ウルトラロボットアームロック

SR のスポークホイールにも使いやすい、関節に特殊リベットを使用した盗難防止ロック。長い先端シャフトと保護スポンジにより、車体を傷つけることなく愛車をがっちりガードできる。

キタコ　¥47,300〜132,000

MAKER LIST

C.F. POSH	http://www.cf-posh.com/	06-6607-1476
GOODS CO.,LTD	https://www.goods-co.net/	06-6865-4000
JAM PSD (JAM co.,ltd.)	https://jam-japan.sub.jp/	048-446-7982
SP忠男	https://www.sptadao.co.jp/	03-3845-2010
アクティブ	http://www.acv.co.jp/	0561-72-7011
アルキャンハンズ	http://alcanhands.co.jp/	072-271-6821
ウイルズウィン	https://wiruswin.com/	0120-819-182
ラボ・カロッツェリア（カロツェリアジャパン）	http://ohlins.czj.jp/	03-5851-1853
キジマ	https://www.tk-kijima.co.jp/	03-3897-2167
キタコ	https://www.kitaco.co.jp/	06-6783-5311
ザム・ジャパン	https://www.xam-japan.co.jp/	
サンスター	https://www.sunstar-kc.jp/	
デイトナ	https://www.daytona.co.jp/	0120-60-4955
ナイトロンジャパン	http://www.nitron.jp/	048-812-5906
ハリケーン	https://www.hurricane-web.jp/	06-6781-8381
ブルーライトニング	http://www.blr-jp.com/	0463-73-8831
プロト	https://www.plotonline.com/	0566-36-0456
ヨシムラジャパン	https://www.yoshimura-jp.com/	
ラフアンドロード	https://rough-and-road.co.jp/	045-840-6633
ワイズギア	https://www.ysgear.co.jp/	0570-050814

YAMAHA
SR 400 [FI Model]
MAINTENANCE & CUSTOM

2022年6月15日 発行

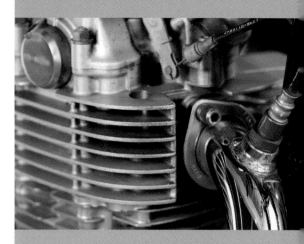

STAFF

PUBLISHER
高橋清子　Kiyoko Takahashi

EDITOR / WRITER
ジョー 荒川　Joe Arakawa
行木 誠　Makoto Nameki

DESIGNER
小島進也　Shinya Kojima

ADVERTISING STAFF
西下聡一郎　Soichiro Nishishita

PHOTOGRAPHER
柴田雅人　Masato Shibata

SUPERVISOR
細井啓介（ナインゲート）　Keisuke Hosoi (Nine Gate)

PRINTING
中央精版印刷株式会社

PLANNING, EDITORIAL & PUBLISHING

(株)スタジオ タック クリエイティブ
〒151-0051 東京都渋谷区千駄ヶ谷3-23-10　若松ビル2F
STUDIO TAC CREATIVE CO.,LTD.
2F, 3-23-10, SENDAGAYA SHIBUYA-KU, TOKYO 151-0051 JAPAN
[企画・編集・デザイン・広告進行]
Telephone 03-5474-6200　Facsimile 03-5474-6202
[販売・営業]
Telephone 03-5474-6213　Facsimile 03-5474-6202

URL https://www.studio-tac.jp
E-mail stc@fd5.so-net.ne.jp

警告

■この本は、習熟者の知識や作業、技術をもとに、編集時に読者に役立つと判断した内容を記事として再構成し掲載しています。そのため、あらゆる人が作業を成功させることを保証するものではありません。よって、出版する当社、株式会社スタジオ タック クリエイティブ、および取材先各社では作業の結果や安全性を一切保証できません。また作業により、物的損害や傷害の可能性があります。その作業上において発生した物的損害や傷害について、当社では一切の責任を負いかねます。すべての作業におけるリスクは、作業を行なうご本人に負っていただくことになりますので、充分にご注意ください。

■ 使用する物に改変を加えたり、使用説明書等と異なる使い方をした場合には不具合が生じ、事故等の原因になることも考えられます。メーカーが推奨していない使用方法を行なった場合、保証やPL法の対象外になります。

■ 本書は、2022年3月31日までの情報で編集されています。そのため、本書で掲載している商品やサービスの名称、仕様、価格などは、製造メーカーや小売店などにより、予告無く変更される可能性がありますので、充分にご注意ください。

■ 写真や内容が一部実物と異なる場合があります。